Personalmanagement:
Gezielte Maßnahmen zur langfristigen Personalbindung

In der Lehre immer am Zahn der Zeit zu sein, wird in unserer schnelllebigen Zeit immer mehr zur Herausforderung. Mit unserer neuen fachübergreifenden Reihe *nuggets* präsentieren wir Ihnen die aktuellen Trends, die Forschung, Lehre und Gesellschaft beschäftigen – wissenschaftlich fundiert und kompakt dargestellt. Ein besonderes Augenmerk legt die Reihe auf den didaktischen Anspruch, denn die Bände sind vor allem konzipiert als kleine Bausteine, die Sie für Ihre Lehrveranstaltung ganz unkompliziert einsetzen können. Mit unseren *nuggets* bekommen Sie prägnante und kompakt dargestellte Themen im handlichen Buchformat, verfasst von Expert:innen, die gezielte Information mit fundierter Analyse verbinden und damit aktuelles Wissen vermitteln, ohne den Fokus auf das Wesentliche zu verlieren. Damit sind sie für Lehre und Studium vor allem eines: Gold wert!
So gezielt die Themen in den Bänden bearbeitet werden, so breit ist auch das Fachspektrum, das die *nuggets* abdecken: von den Wirtschaftswissenschaften über die Geisteswissenschaften und die Naturwissenschaften bis hin zur Sozialwissenschaft – Leser:innen aller Fachbereiche können in dieser Reihe fündig werden.

Dr. Uta Kirschten ist Professorin für ABWL, insb. Personalmanagement an der Westsächsischen Hochschule Zwickau. Ihre Fach- und Forschungsschwerpunkte sind Vereinbarkeit von Arbeit, Familie und Privatleben (Work-Life-Balance), Frauen und Führung, Nachhaltiges Personalmanagement, Lebenszyklusorientiertes Personalmanagement, Wissensmanagement sowie Innovation und Personalmanagement.

Uta Kirschten

Personalmanagement: Gezielte Maßnahmen zur lang-fristigen Personalbindung

Umschlagmotiv: © borchee · iStockphoto

Bibliografische Information der Deutschen Nationalbibliothek
Die Deutsche Nationalbibliothek verzeichnet diese Publikation in der Deutschen Nationalbibliografie; detaillierte bibliografische Daten sind im Internet über http://dnb.dnb.de abrufbar.

DOI: https://doi.org/10.24053/9783381121526

– Ein Unternehmen der Narr Francke Attempto Verlag GmbH + Co. KG
Dischingerweg 5 · D-72070 Tübingen

Internet: www.narr.de
eMail: info@narr.de

CPI books GmbH, Leck

ISSN 2941-2730
ISBN 978-3-381-12151-9 (Print)
ISBN 978-3-381-12152-6 (ePDF)
ISBN 978-3-381-12153-3 (ePub)

Inhalt

1 Einleitung

Unternehmen können eine Vielzahl an Maßnahmen initiieren, um ihre Mitarbeitenden dauerhaft positiv an sich als Arbeitgeber zu binden. Dabei haben Maßnahmen zur Verbesserung der Vereinbarkeit von Berufsleben, Privatleben und Familienleben eine hohe Bindungswirkung an den Arbeitgeber. Insofern werden im folgenden viele Maßnahmen vorgestellt, die sowohl die Vereinbarkeit des Berufslebens mit dem Privatleben verbessern können und gleichzeitig auch eine höhere Bindung der Beschäftigten an ihren Arbeitgeber aufweisen. Inhaltlich lassen sich diese Maßnahmen sowohl in arbeitsorientierte, serviceorientierte und gesundheitsorientierte Maßnahmen, als auch nach verschiedenen Zielgruppen unterscheiden. Im Folgenden werden die verschiedenen Orientierungen vorgestellt.

2 Arbeitsplatzorientierte Maßnahmen

Alle Maßnahmen, die die Gestaltung der Arbeitssituation und Arbeitsbedingungen betreffen, werden als arbeitsorientierte Maßnahmen bezeichnet. Arbeitsorientierte Maßnahmen können sich auf die Gestaltung des Arbeitsplatzes bzw. Arbeitsortes, die Arbeitsinhalte und die Flexibilisierung der Arbeitszeit und/oder des Arbeitsortes erstrecken.

2.1 Gestaltung des Arbeitsplatzes und des Arbeitsortes

Arbeitnehmer:innen erfüllen ihre vertraglichen Arbeitsleistungen an einem bestimmten Ort, nämlich dem Arbeitsort und an einem bestimmten Arbeitsplatz, der sich meist innerhalb des Unternehmens befindet. Der Arbeitsplatz umfasst alle Einrichtungen und Mittel, die die Mitarbeiter:innen zur Erfüllung ihrer vereinbarten Arbeitsaufgaben benötigen. Der Arbeitsort bezeichnet den räumlichen Standort des Arbeitsplatzes. Dieser kann sich einmal innerhalb oder auch außerhalb des Unternehmens befinden, zum anderen jedoch auch im Inland oder Ausland, wenn sich der Arbeitsplatz z. B. in einem ausländischen Tochterunternehmen befindet.

2.1.1 Maßnahmen zur Gestaltung des Arbeitsplatzes innerhalb des Unternehmens

Trotz steigender Flexibilisierung und Mobilität befinden sich auch heute noch die meisten Arbeitsplätze räumlich innerhalb des Unternehmens, d. h. in den Gebäuden oder auf dem Betriebsgelände des Unternehmens. Dabei lassen sich verschiedene Arten von Arbeitsplätzen unterscheiden, die in Tabelle 1 vorgestellt werden.

Verschiedene Arten des Arbeitsplatzes			
Kriterien des Arbeitsplatzes	**Ausprägung des Arbeitsplatzes**		
Anzahl der Mitarbeitenden / Arbeitsplatz	**Einzelarbeitsplatz**	**Gruppenarbeitsplatz**	
Räumliche Veränderlichkeit des Arbeitsplatzes	**Stationärer Arbeitsplatz:** Fester, nicht veränderbarer Arbeitsplatz, z. B. am Empfang, in der Materialausgabe, im Call-Center	**Wechselnder Arbeitsplatz:** Räumlicher Wechsel des Arbeitsplatzes gehört zur Arbeitsaufgabe; z. B. Postbote, Hausmeister, Anlagensicherheit	**Mobiler Arbeitsplatz** Kein fester örtlicher Arbeitsplatz. Gearbeitet wird an unterschiedlichen, teils selbst bestimmbaren Arbeitsorten und Arbeitsplätzen.
Anordnung des Arbeitsplatzes in der Fertigung	**Werkstattfertigung:** Räumliche Zusammenfassung gleichartiger Arbeitsverrichtungen, dazu benötigter Betriebsmittel und Arbeitsplätze, z. B. Dreherei, Fräserei, Stanzerei. Der Standort der Maschinen und der Arbeitsplätze bestimmt den Fertigungsablauf.	**Fließfertigung** Anordnung der Arbeitsplätze und Betriebsmittel nach dem Fertigungsablauf, z. B. an einem Fließband. Fließfertigung ist kaum anpassungsfähig, störanfällig, weist i. d. R. monotone und einseitig physische Arbeitsbeanspruchungen auf. (Z. B. Arbeitsplatz am Fließband in der Automobilindustrie)	**Gruppenfertigung** Kombination aus Werkstatt- und Fließfertigung. Betriebsmittel und Arbeitsplätze werden für bestimmte Phasen des Fertigungsablaufs gruppenorientiert zusammengefasst

Tabelle 1: Verschiedene Arten des Arbeitsplatzes

Mit der Gestaltung des Arbeitsplatzes werden insbesondere zwei Ziele verfolgt:

- erstens die bestmögliche Ausführung der Arbeitsaufgaben sowie
- zweitens die menschengerechte Gestaltung der Arbeitsbedingungen (vgl. Stopp/Kirschten 2012, S. 168).

Vor allem den Arbeitswissenschaften (insbesondere die Arbeitsphysiologie, die Arbeitspsychologie, die Arbeitssoziologie und die Arbeitsmedizin) untersuchen die Gestaltung des Arbeitsplatzes im Hinblick auf anthropometrische, physiologische, psychologische, soziologische und medizinische Gegebenheiten und Auswirkungen der Arbeitsplatzgestaltung (vgl. Berthel/Becker 2010, S. 512 ff.).

Die anthropometrischeArbeitsgestaltung untersucht und analysiert u. a. arbeitsbedingte Bewegungsabläufe, die Eignung der Arbeitsmittel und die Gestaltung des Arbeitsplatzes. Mit ihrer Hilfe kann der Arbeitsplatz optimal auf den Menschen ausgerichtet werden, wobei zum Beispiel das Gesichtsfeld und der Griffbereich des Mitarbeiters oder der Mitarbeiterin sowie die Arbeitsplatzhöhe und die Anordnung der Arbeitsmittel (z. B. Schalter, Pedale, Werkzeug) berücksichtigt werden.

Der Einfluss des Arbeitsplatzes und der Arbeitsumgebung auf den menschlichen Körper und daraus resultierende körperliche und geistige Belastungen sowie Ermüdungserscheinungen werden von der physiologischen Arbeitsplatzgestaltung untersucht. Sie dient dazu, den Wirkungsgrad der menschlichen Arbeit zu verbessern, z. B. durch die Verringerung der auszuübenden bzw. einzusetzenden (Muskel-)Kräfte, durch die Ermittlung notwendiger Erholungszeiten, durch den Wechsel von Arbeitstätigkeiten und die Analyse der besten Körperhaltungen bei der jeweiligen Arbeit. Darüber hinaus untersucht sie die arbeitsgerechte Gestaltung der Umgebungseinflüsse auf den Arbeitsplatz, zu denen insbesondere die folgenden Faktoren gehören:

- Das **Klima** am Arbeitsplatz: Es wird beeinflusst von der Lufttemperatur, der Luftfeuchtigkeit, der Wärmestrahlung und der Luftgeschwindigkeit. Weitere Einflussfaktoren des Klimas auf den Menschen sind die Schwere der körperlichen und geistigen Tätigkeit, die zu tragende Arbeitskleidung sowie die individuelle Konstitution und Kondition des Mitarbeiters oder der Mitarbeiterin. Wichtig ist hierbei eine der Arbeitsbelastung und Konstitution des Mitarbeiters oder der Mitarbeiterin optimal angepasste manuelle oder automatische Regulierung des Klimas durch Kühlung, Heizung, Be- und -entlüftung und Entstaubung.
- Der **Lärm** am Arbeitsplatz: Als Lärm werden störende Geräusche am Arbeitsplatz empfunden, die durch die Lautstärke, die Dauer der Lärmeinwirkung und die Art des Lärms beeinflusst werden. Da eine dauerhafte Lärmbelastung zu Gesundheitsbeeinträchtigungen führen

kann, bedarf es Maßnahmen des Lärmschutzes am Arbeitsplatz. Dazu gehören z. B. die Isolation von Lärmquellen, die Absorption von Lärm, die Dämpfung oder Verminderung von Lärmquellen sowie die Vermeidung von Resonanz.

- Die **Beleuchtung** am Arbeitsplatz: Die Beleuchtung am Arbeitsplatz beeinflusst die Sehleistung des Mitarbeiters oder der Mitarbeiterin. Wichtig ist daher eine ausreichende Beleuchtungsstärke des Arbeitsplatzes, die Vermeidung direkter Blendung, ein ausgewogener Leuchtdichtekontrast im Gesichtsfeld des Mitarbeiters oder der Mitarbeiterin sowie eine natürliche Farbwiedergabe.
- **Mechanische Schwingungen**: Sie können verschiedene Beeinträchtigungen des Menschen bewirken. So können sie die Sinneswahrnehmung oder auch die Koordination von Auge und Händen beeinträchtigen, aber auch das Wohlbefinden und die Leistungsfähigkeit eines Mitarbeiters oder einer Mitarbeiterin reduzieren. Daher sollten mechanische Schwingungen am Arbeitsplatz möglichst vermieden werden.
- **Gefahrstoffe**: Gefahrstoffe sind flüssige, feste oder gasförmige Stoffe, die auf den Menschen toxisch oder biologisch beeinflussend wirken. Sofern sie im Produktionsprozess verwendet werden, sollte eine Freisetzung von Gefahrstoffen und daraus resultierende Gesundheitsgefahren für die Mitarbeiter:innen unbedingt vermieden werden. Darüber hinaus sollte der Umgang mit und die Verwendung von Gefahrstoffen wenn möglich weitgehend vermieden werden und der Einsatz von nicht gesundheitsgefährdenden alternativen Stoffen geprüft werden.
- **Staub**: kann nicht nur eingeatmet werden, sondern auch über die Haut oder über Speisen vom Menschen aufgenommen werden. Daher sollten Staubbelastungen, insbesondere mit biogenen oder toxischen Substanzen, die gesundheitsbeeinträchtigend wirken können, unbedingt am Arbeitsplatz und in der Arbeitsumgebung vermieden werden.

Ein weiterer Ansatzpunkt ist die psychologische Arbeitsplatzgestaltung, deren Ziel es ist, eine angenehme und dadurch leistungsfördernde Arbeitsumwelt zu schaffen. Gestaltungsmöglichkeiten bestehen hierbei zum Beispiel in einer ansprechenden Farbgebung des Arbeitsplatzes und der Arbeitsräumlichkeiten. So wirken warme Farben, wie z. B. rot, orange oder gelb, anregend, wohingegen kalte Farben, wie z. B. blau, grün oder violett, eher beruhigend und distanzierend wirken. Der Einsatz von Musik fördert eine positive Grundstimmung und kann helfen, Stimmungstiefs zu bewältigen. Ausgleichend und anregend wirken auch Pflanzen und begrünte bzw. bepflanzte Wände in den Arbeitsräumen. In den letzten Jahren haben sich auch neue, moderne Büroraum- und Büromöbelkonzepte in der Praxis durchgesetzt, die das Wohlbefinden der Mitarbeitenden fördern. Dazu gehören beispielsweise Sofas und Sessel als entspannte Sitzbereiche oder für Besprechungen, abgeschirmte ruhige Einzelarbeitsplätze, Stehtische, Sitzgruppen und Entspannungsbereiche (z. B. Tischkicker).

Um Unfälle am Arbeitsplatz zu verhindern, ist eine sicherheitstechnische Arbeitsgestaltung sehr wichtig. Diese wird unterstützt durch eine Vielzahl an gesetzlichen Vorschriften zur Arbeitssicherheit und zum Umweltschutz, die von den Gewerbeaufsichtsämtern und den Berufsgenossenschaften kontrolliert werden. Dazu zählen u. a. das Arbeitssicherheitsgesetz, die Arbeitsstättenverordnung, das Arbeitszeitgesetz, das Allgemeine Gleichbehandlungsgesetz, die Gewerbeordnung, das Jugendschutzgesetz, das Mutterschutzgesetz sowie das Schwerbehindertenrecht.

2.1.2 Maßnahmen zur Gestaltung des Arbeitsplatzes außerhalb des Unternehmens (Flexibilisierung des Arbeitsplatzes)

In den letzten zwei Jahrzehnten ist der Anteil an Arbeitsplätzen gestiegen, der sich außerhalb der Unternehmensräumlichkeiten befindet. Zurückzuführen ist dies auf die steigende Verbreitung von Dienstleistungen und neuen wissensbasierten Leistungen, die häufig ortsunabhängig oder auch direkt bei den Kund:innen erbracht werden können, eine steigende Flexibilisierung und Kund:innenorientierung der Leistungserstellung, die rasante Entwicklung und Nutzung digitaler Informations- und Kommunikationstechnologien, die Zunahme der Internationalisierung vieler Unternehmen, aber auch auf die Veränderung von Beschäftigungsverhältnissen (steigender Anteil an freiberuflichen Tätigkeiten), dem Wunsch vieler Beschäftiger nach flexibleren Arbeitsorten sowie die Umsetzung von Strategien zur besseren Vereinbarkeit insbesondere von Beruf und Familie. Auch die Kontaktbeschränkungen während der weltweiten Coronavirus-Pandemie in den Jahren 2020 bis 2022 haben die Verbreitung flexibler Arbeitsplatzkonzepte und auch die Arbeit im Homeoffice stark vorangetrieben. Damit verbunden haben sich auch verschiedene Strategien und Konzepte zur Flexibilisierung des Arbeitsplatzes entwickelt.

Diese Strategien und konkrete Angebote zur Flexibilisierung des Arbeitsortes sind mittlerweile wichtig, um die Bindung der Mitarbeitenden an ihren Arbeitgeber zu stärken. Vieldiskutierte und erprobte Konzepte sind hierbei insbesondere der Heimarbeitsplatz, der Telearbeitsplatz, die Arbeit im Homeoffice sowie die mobile Arbeit (auch Remote-Work genannt).

Heimarbeitsplatz

Bei einem Heimarbeitsplatz erfüllen die Mitarbeitenden ihre Arbeitsaufgaben in der eigenen Wohnung. Der Heimmitarbeitende ist eine Arbeitnehmer:innenähnliche Person, die über das Heimarbeitsgesetz (HAG) abgesichert ist. Das HAG enthält u. a. Vorgaben zum Mindestentgelt, Urlaubsgeld, Feiertagsentgelt, Zuschläge zur Vorsorge und bei Krankheit, einen Heimarbeitszuschlag zur Abgeltung entstandener Kosten sowie Kündigungsschutzbestimmungen. Arbeiten Heimarbeitnehmer überwiegend für ein Unternehmen, so gelten sie als Angestellte des Unternehmens im Sinne des § 6 BetrVG.

Gerade für Arbeitnehmer:innen mit kleineren Kindern oder pflegebedürftigen Familienangehörigen ist die Heimarbeit eine gute und häufig genutzte Möglichkeit, um die eigene Berufstätigkeit besser mit den familiären Anforderungen und der Betreuung von Kindern oder Familienangehörigen vereinbaren zu können.

Telearbeitsplatz und mobile Arbeitsplätze

Als Telearbeit werden alle Arbeitsplätze und Arbeitsformen verstanden, die sich außerhalb der Räumlichkeiten des Arbeitgebers befinden und durch moderne digitale Informations- und Kommunikationstechnologien unterstützt werden (vgl. z. B. Olfert 2008, S. 193 f.). Die vielfältigen digitalen Entwicklungen im Bereich der Informations- und Kommunikationstechnologien wie z. B. der Telekommunikation (z. B. Handy, Smartphone, Tablet, Laptop, Notebook), der elektronischen Datenverarbeitung (z. B. Internet, VPN-Zugang zum unternehmensinternen Intranet, WLAN) sowie der interaktiven Nutzung elektronischer Medien (z. B. Web 2.0, Videokonferenzen, Online-Lernplattformen, Clouds zur Datenspeicherung) ermöglichen mittlerweile eine sehr flexible und auch ortsunabhängige Gestaltung und Durchführung der Arbeit. Dies hat zur Entwicklung von Arbeitsplätzen geführt, die sich nicht nur außerhalb des Unternehmens befinden, sondern auch zeitlich, örtlich und technisch flexibel gestaltet werden können. Etabliert haben sich sowohl Arbeitsplätze in der eigenen Wohnung als auch ortsunabhängige, d. h. mobile Arbeitsplätze. Zu den ***mobilen Arbeitsplätzen*** gehören u. a. die Kundenbetreuung bzw. Leistungserstellung direkt beim Kunden, Tätigkeiten im Baugewebe mit wechselnden Baustellen, Aufgabenbearbeitung in Coworking-Spaces, aber auch das Arbeiten von Zuhause, unterwegs oder von einem beliebigen Ort aufgrund des Arbeitnehmer:innenwunsches nach mehr örtlicher Flexibilität der beruflichen Tätigkeit.

Aufgrund der vielfältigen technologischen Entwicklungen existieren umfangreiche Kommunikationsmöglichkeiten zwischen dem Telearbeitsplatz und dem jeweiligen Arbeitgeber. So können über das Internet und die Installation von Zugängen zum unternehmensinternen Intranet Informationen, Unterlagen und Arbeitsergebnisse (z. B. über E-Mails und gemeinsame Dokumentensysteme) ausgetauscht und in gemeinsamen Datenclouds gespeichert werden. Leistungsfähige digitale Telefon- und Videokonferenzsysteme ermöglichen die ortsunabhängige gemeinsame Bearbeitung von Arbeitsaufgaben und Projekten zwischen Mitarbeiter:innen. Telearbeitsplätze können in zeitlicher Hinsicht als Vollzeit- oder Teilzeitarbeit oder auch als alternierende Telearbeit gestaltet werden. **Alternierende Telearbeit** bedeutet, dass der Mitarbeitende einige Arbeitstage pro Woche zu Hause oder mobil arbeitet und einige Arbeitstage im Büro des Arbeitgebers arbeitet. Je nach verwendeter Technik lassen sich darüber hinaus Online- und Offline-Telearbeitsplätze unterscheiden, je nachdem, ob eine kontinuierliche (online) oder nur zeitweise (offline) elektronische Kommunikationsverbindung zum Unternehmen besteht (vgl. Abbildung 1).

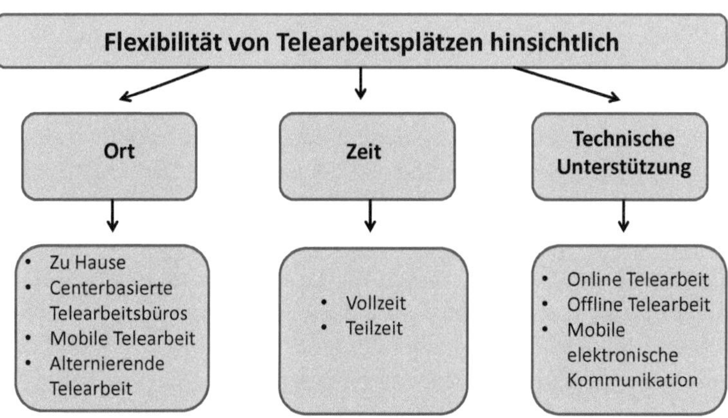

Abbildung 1: Dimensionen und Ausprägungen der Telearbeit

Die Telearbeit eignet sich jedoch nur für diejenigen Aufgabenbereiche, die – unterstützt durch die digitalen Informations- und Kommunikationstechnologien – örtlich, zeitlich und inhaltlich flexibel gestaltbar und bearbeitbar sind. Dies gilt insbesondere für viele betriebswirtschaftliche Aufgabenbereiche, deren Schwerpunkte im Bereich von planenden, managementorientierten, organisierenden oder strategischen Tätigkeiten liegen. Aber auch IT-Aufgabenbereiche, journalistische sowie viele wissenschaftliche Tätigkeiten, teils auch Lehrtätigkeiten sowie kreative und künstlerische Aufgabenbereiche eignen sich häufig für die Telearbeit. Nicht geeignet für die Telearbeit sind alle diejenigen Aufgabenbereiche, die an bestimmte betriebliche Arbeitsplätze, an festgelegte Präsenzöffnungszeiten (wie z. B. im Einzelhandel, Kund:innendienst, Arztpraxen) oder an räumlich fest installierte Produktionsanlagen (z. B. Fließbandtätigkeiten, Werkstatttätigkeiten) gebunden sind.

Als wesentliche Formen der Telearbeit lassen sich die Teleheimarbeit, Telecenter, On-Site-Telearbeit und die mobile Telearbeit unterscheiden (vgl. Olfert 2010, S. 193 f.; Hellert 2014, S. 109 ff.), die im Folgenden näher vorgestellt werden.

Teleheimarbeit

Bei der Teleheimarbeit arbeiten Arbeitnehmende in der eigenen Wohnung und sind über elektronische Informations- und Kommunikationstechnologien (i. d. R. Internet) mit den elektronischen I+K-Systemen (z. B. Intranet) des Unternehmens verbunden. Je nach konkreter Ausgestaltung bestehen vielfältige Möglichkeiten der Kommunikation und des Datenaustauschs mit den Kolleg:innen im Unternehmen. Die Teleheimarbeit kann als Vollzeit- oder auch als Teilzeitbeschäftigung ausgeübt werden. Darüber hinaus kann ein Mitarbeitender entweder ausschließlich zu Hause arbeiten, oder alternierend, d. h., dass der Mitarbeitende z. B. zwei Tage pro Arbeitswoche zu Hause arbeitet und drei Tage pro Arbeitswoche im Unternehmen arbeitet. Die Teleheimarbeit ist als Arbeitsform recht weit verbreitet.

Ihre Vorteile bestehen darin, dass Mitarbeitende häusliche und familiäre Verpflichtungen, wie z. B. die Betreuung von Kindern oder pflegebedürftigen Angehörigen im Haushalt eher mit einer Teleheimarbeit verbinden bzw. erfüllen können, als wenn ihr Arbeitsplatz örtlich an das Unternehmen gebunden wäre. Darüber hinaus können Arbeitstätigkeiten kurzzeitig unterbrochen werden, um andere z. B. familiäre Verpflichtungen zu erfüllen, und später wieder aufgenommen werden (zeitliche Unterbrechungen, eigene zeitliche Einteilung der Arbeit). Auch die selbstbestimmte flexible Gestaltung der täglichen Arbeitszeiten (in Absprache mit dem Arbeitgeber und ggf. Kolleg:innen) kommt den individuellen Zeitbedürfnissen und möglichen familiären zeitlichen Verpflichtungen (z. B. Kinder in den Kindergarten oder zur Schule bringen, Nachmittagsbetreuung der Kinder, Arzttermine mit pflegebedürftigen Familienmitgliedern) der Beschäftigten entgegen.

Nachteile der Teleheimarbeit bestehen jedoch darin, dass, trotz vielfältiger Kommunikationsmöglichkeiten mit Kolleg:innen und dem Unternehmen, insgesamt oft ein distanzierterer Austausch und weniger soziale Kontaktmöglichkeiten mit den Kolleg:innen bestehen, was zu einer relativen Vereinsamung des Teleheimarbeiters führen kann. Darüber hinaus kann die berufliche Identität des Teleheimarbeitnehmers sowie seine Verbundenheit zum Arbeitgeber durch die isolierte häusliche Arbeit leiden, weshalb eine alternierende Telearbeit bzw. gelegentliche Arbeitszeiten im Unternehmen empfehlenswert sind. Bewährt haben sich z. B. zwei Tage Telearbeit zu Hause und 3 Tage Arbeiten im Büro des Unternehmens. Auch zeigen Befragungen, dass die Beschäftigten in der Teleheimarbeit bzw. im Homeoffice deutlich mehr Stunden arbeiten als im Büro bzw. beim Arbeitgeber vor Ort (vgl. BauA 2018a; Wirtschaftswoche 19.07.2016; FAZ 03.09.2020).

Telecenter bzw. centerbasierte Telearbeit

Richtet ein Unternehmen oder auch mehrere Unternehmen gemeinsam ein oder mehrere Telearbeitsbüros für mehrere Mitarbeiter:innen außerhalb des eigenen Unternehmens ein, so werden diese als Telecenter und die Arbeit in diesen ausgelagerten Büros als centerbasierte Telearbeit bezeichnet. Diese dezentralen Telearbeitsbüros sind mit allen erforderlichen modernen elektronischen Informations- und Kommunikationstechnologien ausgestattet, um eine umfassende Zusammenarbeit mit Kolleg:innen, Lieferant:innen und Kund:innen sicherzustellen. Gleichzeitig ermöglichen Telecenter ein wohnortnahes Arbeiten für die Mitarbeitenden, aber auch einen sozialen Austausch mit Kolleg:innen im Telecenter. Für Unternehmen sind die Investitionskosten in ein Telecenter meist geringer als für separate Teleheimarbeitsplätze oder erweiterte Bürokapazitäten im Unternehmen. Werden Telecenter von einem einzelnen Unternehmen eingerichtet, bezeichnet man sie als Satellitenbüros, beteiligen sich mehrere Unternehmen an einem Telecenter, spricht man von Nachbarschaftsbüros (vgl. Holtbrügge 2018, S. 187).

On-Site-Telearbeit

Wird die Telearbeit direkt beim Kunden oder Lieferanten durchgeführt, bezeichnet man das als On-Site-Telearbeit. Die Kommunikation des Mitarbeiters oder der Mitarbeiterin mit dem Arbeitgeber und Kollegen erfolgt über das Telefon, Smartphone, Laptop, Tablet sowie über mobile Internet- und Intranetzugänge (vgl. Holtbrügge, 2018, S. 187).

Mobile Telearbeit (mittlerweile auch mobile Arbeit oder Remotework genannt)

Hierzu werden alle ortsunabhängigen Arbeiten oder Tätigkeiten an unterschiedlichen Örtlichkeiten sowie Außendiensttätigkeiten verstanden. Auch hier sind die Mitarbeiter:innen über mobile elektronische Informations- und Kommunikationstechnologien (z. B. Smartphone, Internet) mit ihrem Unternehmen verbunden (vgl. Holtbrügge, 2018, S. 187). Mittlerweile wird diese Arbeitsform auch als mobile Arbeit bzw. Remotework bezeichnet.

Telearbeit in virtuellen Unternehmen

Arbeiten verschiedene Mitarbeiter:innen ggf. mit verschiedenen Qualifikationen an ganz unterschiedlichen Orten bzw. jeweils zu Hause an einem gemeinsamen Auftrag oder Projekt, für dessen Bearbeitung sie sich zu einem Netzwerk oder virtuellem Unternehmen zusammengeschlossen haben, wobei sie moderne elektronische Informations- und Kommunikationstechnologien nutzen, so kann dies als Telearbeit in virtuellen Unternehmen bezeichnet werden.

Offshore-Telearbeit

Hier wird die Bearbeitung bestimmter Aufgaben oder Projekte (z. B. im Bereich der Softwareentwicklung) an Mitarbeiter:innen in Niedriglohnländern verlagert. Möglich wird dies erst durch die Nutzung moderner digitaler Informations- und Kommunikationstechnologien. Den geringen Arbeitskosten stehen hier jedoch oft erhebliche kulturelle Unterschiede im Hinblick auf die Zusammenarbeit und das Arbeitsverständnis gegenüber. Auch die Zeitunterschiede in verschiedenen Ländern und Kontinenten können die Zusammenarbeit erschweren. (vgl. Bottel et al. 2016)

Die Telearbeit kann sowohl räumlich als auch zeitlich unterschiedlich ausgestaltet werden (vgl. Tabelle 2).

Raum- und Zeitdimensionen der Telearbeit		
Zeit / **Raum**	**synchron**	**asynchron**
zentral	Arbeitsplatz im Telearbeitszentrum mit festen Arbeitszeiten oder als Gleitzeit mit Kernzeiten	Arbeitsplatz im Telearbeitszentrum mit flexiblen Arbeitszeiten
dezentral	Heimarbeit, mobile Telearbeit oder On-Site-Telearbeit mit festen Arbeitszeiten oder als Gleitzeit mit Kernarbeitszeiten	Heimarbeit, mobile Telearbeit oder On-Site-Telearbeit mit freier, flexibler Arbeitszeit.

Tabelle 2: Raum- und Zeitdimensionen der Telearbeit.
Quelle: in Anlehnung an Holtbrügge 2007, S. 154; Holtbrügge 2018, S. 188).

Die Telearbeit ist ein sehr wichtiges Instrument, um das Berufsleben mit dem Privatleben besser vereinbaren zu können und dadurch die Zufriedenheit und die Bindung der Mitarbeitenden an den Arbeitgeber zu stärken. Aus Sicht der Mitarbeitenden bietet die Telearbeit folgende Vorteile: So ermöglicht die Entkopplung der Arbeit von dem festen Arbeitsplatz im Unternehmen eine größere örtliche und i. d. R. auch zeitliche Flexibilität des Mitarbeiters oder der Mitarbeiterin (vgl. Thiele 2009, S. 86). Dadurch erhöht sich der Handlungsspielraum des Mitarbeiters oder der Mitarbeiterin, um beispielsweise familiäre Verpflichtungen (Betreuung kleinerer Kinder oder pflegebedürftiger Angehöriger oder auch private Hobbies) besser mit einer Berufstätigkeit vereinbaren zu können. Sehr wichtig ist hierbei die bei einer Telearbeit eher gegebene zeitliche und räumliche Autonomie, die eine zentrale Voraussetzung für die Vereinbarkeit verschiedener Lebenswelten ist. Gerade für Alleinerziehende ist diese zeitliche und räumliche Autonomie und Flexibilität häufig entscheidend, um überhaupt eine Berufstätigkeit ausüben zu können. Auch lebensphasenspezifische Mehrfachbelastungen können so leichter bewältigt werden. Zusätzlich reduziert sich der zeitliche und finanzielle Aufwand durch den Wegfall an Fahrten zwischen Arbeits-, Kinderbetreuungs- und Wohnstätte. Nicht zuletzt wünschen sich viele Arbeitnehmer:innen auch eine größere zeitliche und räumliche Autonomie bei ihrer Berufstätigkeit.

Allerdings birgt die Telearbeit auch Nachteile und Gefahren. Eine große Gefahr besteht in der unzureichenden Abgrenzung zwischen dem Arbeits- und Privatleben bzw. der Vermischung beider Lebensbereiche, die auch als Entgrenzung zwischen der Arbeitswelt und der privaten Lebenswelt bezeichnet wird. Durch die häusliche Berufstätigkeit sind sowohl die beruflichen als auch die privaten Anforderungen und Aufgaben immer präsent. Dies kann zu häufigeren Unterbrechungen der beruflichen Arbeit führen, wenn z. B. die Kinder oder pflegebedürftige Angehörige Aufmerksamkeit wünschen, versorgt werden müssen, Arztbesuche anstehen oder anderweitige häusliche Pflichten kurzfristig zu erfüllen sind.

Gerade für Kinder ist es oft schwer verständlich, warum Eltern arbeiten müssen, wenn sie doch zu Hause sind. Aus diesem ständigen Wechselspiel bzw. Hin- und Herspringen zwischen den Anforderungen und Aufgaben der verschiedenen Lebensbereiche resultiert eine dauerhafte Mehrfachbeanspruchung für die Telearbeitenden, die längerfristig physisch und psychisch zu einer Überlastung führen kann. Zusätzlich stören häufige Unterbrechungen der Arbeitstätigkeit die Konzentration und können die Leistungsfähigkeit der Telearbeitenden beeinträchtigen. Aber auch für die Familienangehörigen (Kinder, Pflegebedürftige) kann die Telearbeit Einschränkungen bedeuten, wenn der bzw. die Telearbeitende (das arbeitende Familienmitglied) Ruhe, ungestörtes Arbeiten und Rücksicht auf seine häusliche Berufstätigkeit fordert und benötigt.

Darüber hinaus besteht die Gefahr einer permanenten Arbeitsbereitschaft des Telearbeitnehmers oder der Telearbeitnehmerin auch weit über den normalen acht Stunden Arbeitstag hinaus. So werden beispielsweise kontinuierlich eingegangene E-Mails bearbeitet oder Aufgaben, die durch Unterbrechungen tagsüber nicht erledigt werden konnten, abends bearbeitet, wenn die Kinder schlafen. Diese permanente Arbeitsbereitschaft konterkariert jedoch den Ausgleich zwischen Arbeits- und Berufsleben und kann die erforderlichen Ruhezeiten zwischen den Arbeitszeiten einschränken. Weitere nachteilige Auswirkungen der Telearbeit bestehen in den selteneren persönlichen sozialen Kontakten mit den Kolleg:innen und Vorgesetzen, einer daraus resultierenden größeren arbeitsbezogenen Isolation der Telearbeitenden sowie einer möglicherweise geringeren Identifikation mit dem Arbeitgeber. Um tatsächlich eine höhere Vereinbarkeit des Arbeits- mit dem Privatleben durch Telearbeit zu erreichen und auch die Bindung zum Arbeitgeber zu stärken, ist die Berücksichtigung und Umsetzung folgender Aspekte ausgesprochen wichtig:

- Klare Trennung zwischen häuslichen Arbeitszeiten und „Freizeiten“ durch Festlegung konkreter Arbeits- und Freizeiten.

- Arbeitszeiten wenn möglich in ruhige und möglichst störungsfreie Tageszeiten legen (z. B. vormittags, wenn Kinder im Kindergarten oder in der Schule sind).
- Arbeiten in abgeschlossenen Räumlichkeiten (z. B. eigenes Arbeitszimmer).
- Regelmäßige Kontakte mit Kolleg:innen oder Anwesenheiten im Unternehmen, um einer möglichen sozialen und beruflichen Isolation vorzubeugen (z. B. durch alternierende Telearbeit).
- Alternierende Telearbeit oder centerbasierte Telearbeit.

Aus Sicht des Unternehmens ergeben sich aus der Telearbeit folgende Vor- und Nachteile:

- Vorteilhaft für Unternehmen ist die Möglichkeit, durch Telearbeit Arbeitsplätze in strukturschwachen Gebieten oder auch für besondere Mitarbeiter:innengruppen, wie z. B. Behinderte, Alleinerziehende, Mitarbeitende mit langen Wegezeiten zum Unternehmen oder Familien mit betreuungsbedürftigen Personen einrichten zu können. Damit können Arbeitgeber den Arbeitswünschen ihrer Mitarbeiter:innen mehr entgegenkommen und ermöglichen gleichzeitig die Übernahme bestimmter Aufgaben. Die höhere Arbeitszufriedenheit der Mitarbeiter:innen mit der Telearbeit führt häufig auch zu einer deutlich höheren Arbeitseffizienz der Mitarbeiter:innen (teilweise sogar bis zu 50 % höhere Arbeitsproduktivität), zu selteneren Krankmeldungen, einer höheren Arbeitszufriedenheit sowie einer stärkeren Arbeitgeberbindung der Mitarbeiter:innen.
- Nachteile von Telearbeitsplätzen sind insofern festzuhalten, als sie neue Anforderungen an die Führung und Kontrolle der Mitarbeiter:innen und ihrer Arbeitsleistung stellen. Statt der bislang weitverbreiteten Anwesenheitskontrolle der Mitarbeiter:innen sind hier eher Instrumente nötig, die auf die Arbeitsergebnisse abstellen, wie z. B. Ziel- und Terminvorgaben für die Fertigstellung bestimmter Aufgaben oder Projekte. Wichtig sind hier auch flexible Instrumente zur Führung der Telemitarbeitenden, z. B. neue Konzepte der virtuellen Führung sowie die Entwicklung einer Vertrauenskultur in der Zusammenarbeit. Die Einrichtung von Telearbeitsplätzen kann mit höheren Kosten verbunden sein als die Einrichtung von Arbeitsplätzen im Unternehmen (z. B. durch die notwendige technische Ausstattung mit Laptop, Smartphone, schneller Internetverbindung etc.). Andererseits sparen die Unternehmen bei der Einrichtung von Telearbeitsplätzen möglicherweise auch hohe Raummieten für Büroarbeitsplätze im Unternehmen. Die Telearbeit kann auch mit einem höheren organisatori-

schen und technischen Aufwand verbunden sein, der jedoch mit steigender Verbreitung und Nutzung digitaler Informations- und Kommunikationstechnologien in den Unternehmen tendenziell wieder zurück gehen wird. Mögliche Leistungseinbußen durch die häufigen Wechsel zwischen Arbeits- und Privatleben bei der Telearbeit können nicht ausgeschlossen werden, werden aber i. d. R. durch die deutlich höhere Arbeitsmotivation und -zufriedenheit und der daraus resultierenden höheren und zeitlich umfangreicheren Leistungsbereitschaft der Mitarbeiter:innen oft mehr als ausgeglichen. Der Gefahr einer sozialen und beruflichen Isolation und ggf. einer geringeren Identifikation mit dem Unternehmen sollte der Arbeitgeber durch regelmäßige Treffen, Besprechungen oder Arbeitszeiten im Unternehmen, z. B. im Rahmen einer alternierenden Telearbeit begegnen.

Die Vor- und Nachteile der Telearbeit sind in den folgenden Tabellen zusammengefasst.

Vor- und Nachteile der Telearbeit für die Mitarbeitenden	
Vorteile für die Mitarbeitenden	**Nachteile für die Mitarbeitenden**
• Höhere zeitliche und räumliche Flexibilität der Mitarbeiter:innen • Höhere individuelle Autonomie und größere eigene Handlungsspielräume durch freie Arbeitsplatz- und Arbeitszeitgestaltung • Stärkere Berücksichtigung individueller Mitarbeiter:innenbedürfnisse • Bessere Vereinbarkeit von Beruf und Familie (Work-Life-Balance) • Möglichkeit der Betreuung von (kranken) Kindern oder Familienangehörigen • Geringerer zeitlicher und finanzieller Aufwand durch (teilweisen) Wegfall von Fahrten zum / vom Arbeitsplatz (Pendelkosten) • Möglichkeit einer (umfangreicheren) Erwerbstätigkeit z. B. auch für Alleinerziehende mit kleinen Kindern • Möglichkeit zur Bewältigung von (zeitlich begrenzten) privaten mit beruflichen Mehrfachbelastungen (z. B. Betreuung pflegebedürftiger Angehöriger)	• Gefahr der sozialen Isolation • Zeitliche Abgrenzungsprobleme zwischen Berufs- und Privatleben • Gefahr einer ständigen Arbeitsbereitschaft • Gefahr von Doppelbelastungen durch Telearbeit im privaten /häuslichen Bereich • Gefahr einer Entgrenzung zwischen dem Berufsleben und dem Privatleben • Gefahr der Mehrarbeit der Arbeitnehmenden

Tabelle 3: Vor- und Nachteile der Telearbeit für die Mitarbeitenden

Vor- und Nachteile der Telearbeit für die Arbeitgeber	
Vorteile für den Arbeitgeber	**Nachteile für den Arbeitgeber**
• Einrichtung von (ggf. kostengünstigeren) Arbeitsplätzen in strukturschwachen Gebieten oder am Stadtrand • Einrichtung von Arbeitsplätzen für ansonsten benachteiligte Arbeitnehmer:innengruppen (z. B. Behinderte, Alleinerziehende) • Höhere Mitarbeiter:innenproduktivität (bis zu 50 %): höhere Arbeitseffizienz durch konzentriertere Arbeit und bessere Auslastung der technischen Ressourcen • Weniger Krankmeldungen • Höhere Arbeitszufriedenheit der Mitarbeitenden • stärkere positive Bindung an den Arbeitgeber aufgrund der höheren Arbeitsflexibilität	• Datenschutzprobleme • ggf. zusätzliche Kosten durch Einrichtung von Telearbeitsplätzen • Führungs- und Kontrollprobleme durch die räumliche und zeitliche Distanz • Entwicklung und Einsatz neuer flexibler Führungs- und Kontrollinstrumente für die Zusammenarbeit auf Distanz (z. B. virtuelle Führung) • Ggf. erhöhter organisatorischer und technischer Aufwand • Arbeitsrechtliche Probleme (z. B. Kontrolle der Arbeitszeit) • Gefahr von Produktivitätsverlusten der Mitarbeiter:innen durch Isolation im Telearbeitsplatz • Gefahr einer geringeren Identität der Telearbeitsmitarbeiter:innen mit dem Arbeitgeber • Gefahr einer geminderten Leistungsfähigkeit durch familiäre bzw. private Anforderungen an die Mitarbeitenden während der Telearbeitszeit

Tabelle 4: Vor- und Nachteile der Telearbeit für die Arbeitgeber

2.2 Neue Büroraumkonzepte

Mit der Verbreitung flexibler Arbeitsortkonzepte (und auch flexibler Arbeitszeitkonzepte) haben sich auch neue Büroraumkonzepte entwickelt. Neue Büroraumkonzepte dienen dazu, den jeweiligen Arbeitsanforderungen gerecht zu werden, die Kommunikation und Kooperation sowie den Wissensaustausch zwischen den Beschäftigten zu fördern, das Wohlbefinden der Mitarbeiter:innen am Arbeitsplatz zu steigern sowie verschiedene Arbeitsformen, wie z. B. Teamarbeit oder Projektarbeit zu unterstützen. Zusätzlich ermöglichen viele Aufgabenbereiche eine orts- und teils auch zeitunabhängige Aufgabenbearbeitung (z. B. im Bereich von IT-Aufgaben, im Kunden- und Außendienst, bei Berater:innen, vielen kaufmännischen Tätigkeiten, neuen digitalen Aufgabenbereichen), so dass die Anwesenheit am Arbeitsplatz des Arbeitgebers nicht immer erforderlich, zweckdienlich oder von Seiten der Mitarbeitenden gewünscht ist.

Andererseits sind Büroräume für Unternehmen, vor allem in den Innenstädten, mit hohen Kosten verbunden. Wenn ein Teil der Mitarbeitenden zeitweise gar nicht im Büro und ihre Arbeitsplätze frei sind, weil sie mobil oder im Außendienst arbeiten, dann fördert dies auf Unternehmenseite ebenfalls Überlegungen, wie Büroleerstände vermieden und Bürokapazitäten optimiert werden können. Auch diese Überlegungen haben zu neuen Büroraumkonzepten geführt. Nach einem kurzen Exkurs zu traditionellen Bürokraumkonzepten werden ausgewählte neue Büroraumkonzepte im Folgenden vorgestellt.

Zu den traditionellen Büroraumkonzepten gehören

- das Zellenbüro,
- das Großraumbüro und
- das Gruppenbüro.

Das **Zellenbüro**, meist für eine oder zwei Personen, ist die traditionelle Büroform, die auch heute noch weit verbreitet ist. Zellenbüros haben meist standardisierte Raummaße und sind i. d. R. durch einen Gang in der Mitte des Gebäudes bzw. Stockwerkes zugänglich. (vgl. Martin 2007, S. 3). Weit verbreitet sind Zellenbüros in öffentlichen Institutionen, aber auch in kleinen und mittelständischen Unternehmen. Vor allem als Einzelbüros haben Zellenbüros eine hohe Arbeitsplatzqualität, da in ihnen ungestört und hoch konzentriert gearbeitet werden kann, zusätzlich kann die Arbeitsumgebung individuell gestaltet werden. Nachteilig ist der hohe Flächenverbrauch und die damit verbunden hohen Bürokosten sowie die eingeschränkte direkte Kommunikation mit den Kolleg:innen, insbesondere bei geschlossenen Bürotüren. Etwas verbessert wird der direkte berufliche Austausch mit den Kolleg:innen durch die „offene Tür", die den Kolleg:innen die Ansprechbarkeit des Kollegen oder der Kollegin im Einzelbüro signalisiert. Häufig werden Zellenbüros auch für zwei Personen geplant, um die Büroflächenkosten geringer zu halten und einen fachlichen Austausch zwischen Kolleg:innen zu verbessern.

Allerdings sind Zweipersonenbüros nicht so beliebt, weil ein konzentriertes Arbeiten durch die zweite Person im Büro aufgrund unterschiedlicher Tätigkeiten vielleicht nur eingeschränkt möglich ist und auch die individuelle Büroraumgestaltung in Absprache mit beiden Kolleg:innen erfolgen muss (vgl. Martin 2007, S. 3). Gut geeignet ist das Zweiraumbüro für Beschäftigte, die das gleiche oder ein sehr ähnliches Aufgabengebiet haben, in dem sie eng zusammenarbeiten und sich so im gemeinsamen Büro gut wechselseitig absprechen können. Auch für das Job-Sharing sind Zweipersonenbüros gut geeignet.

Großraumbüro: Um die Nachteile der Zellenbüros zu vermeiden, haben viele vor allem große Unternehmen Großraumbüros eingeführt. In Großraumbüros werden viele ähnliche Aufgabenbereiche räumlich zusammengefasst, um Arbeitsprozesse und die Arbeitsorganisation zu vereinfachen und die Zusammenarbeit und direkte Kommunikation zwischen den Aufgabenbereichen und Mitarbeitenden zu fördern. Großraumbüros umfassen Räumlichkeiten ab ca. 400 qm und vermeiden bewusst Statussymbole der hierarchischen Organisation (vgl. Martin 2007, S. 5). Gut geeignet sind Großraumbüros auch für die Teamarbeit und Projektarbeit. Die einzelnen Arbeitsplätze sind meist durch Raumteiler oder flexible Trennwände (Stellwände, Regale etc.) voneinander abgegrenzt, um auch eine relativ konzentrierte individuelle Arbeit zu ermöglichen. Auch lassen sich einzelne Arbeitsplätze innerhalb des Großraumbüros recht einfach umgruppieren bzw. neu organisieren. (vgl. Martin, 2007, S. 5).

Die Vorteile von Großraumbüros bestehen in einer deutlich verbesserten direkten Kommunikation und Zusammenarbeit der Mitarbeitenden aufgrund der räumlichen Nähe. Nachteilig wirken sich jedoch die trotz Raumteilungen recht hohe Lautstärke im Großraumbüro aus, die ein wirklich konzentriertes Arbeiten deutlich einschränkt und auch die Bearbeitung vertraulicher Arbeitsinhalte und Gespräche einschränkt. Auch die Beleuchtung (große Büroräume erfordern häufig eine künstliche Beleuchtung) sowie die nur eingeschränkte Gestaltung der Umgebungseinflüsse kann sich negativ auf das Wohlbefinden und die Konzentration der Beschäftigten auswirken. Häufig werden die abgegrenzten Arbeitsbereiche auch als einengend empfunden (vgl. Martin 2007, S. 5).

Gruppenbüro: Teils aufgrund der Nachteile der Großraumbüros haben sich zunehmend Gruppenbüros entwickelt, die mehrere Arbeitsplätze für ca. 3 bis 10 Personen mit ähnlichen Aufgabenbereichen umfassen (vgl. Martin 2007, S. 7). In Gruppenbüros werden die nachteiligen Arbeitsbedingungen und die eingeschränkten Konzentrationsmöglichkeiten von Großraumbüros vermieden, dennoch ist eine schnelle direkte Kommunikation und Zusammenarbeit zwischen den Mitarbeiter:innen sichergestellt. Gerade für Teamarbeit und Projektarbeit sind Gruppenbüros besonders gut geeignet. Trotzdem besteht auch in Gruppenbüros die Gefahr, dass die Mitarbeitenden nur eingeschränkt konzentriert arbeiten können, da sie durch Gespräche oder Telefonate von Kolleg:innen gestört werden (vgl. Martin 2007, S. 8).

Kombibüros: Vor allem in den skandinavischen Ländern sind sogenannte Kombibüros weit verbreitet. Kombibüros verbinden Einzel- oder Zweierbüros mit einer Multifunktionszone, in der gemeinsame Besprechungen, Team- oder Projektarbeit erfolgen kann, die jedoch auch mit einem Technikpool, einem Pausenbereich mit Getränkeverfügbarkeit oder einem Archiv kombiniert sein kann (vgl. Martin 2007, S. 9). Meist sind die Einzelbüros von der Multifunktionszone durch (Glas)wände getrennt. Durch diese Bürokombination sollen die Vorteile von Großraumbüros und Zellenbüros miteinander verbunden werden. So können die Beschäftigten in den Einzelbüros ruhig und konzentriert arbeiten, für den kommunikativen Austausch mit Kolleg:innen, eine Pause oder für die Nutzung technischer Geräte ist die Multifunktionszone schnell erreich- und verfügbar. (vgl. Martin 2007, S. 9f.).

Um den Anforderungen der steigenden Flexibilisierung der Arbeit und beruflichen Zusammenarbeit gerecht zu werden, haben sich in den letzten ca. 10 Jahren neue Büroraumkonzepte entwickelt und in der Arbeitswelt etabliert. Dazu gehören insbesondere die folgenden neuen Büroraumkonzepte und Elemente von neuen Büroraumkonzepten (vgl. u. a. Dark Horse Innovation 2018):

- Open Space Büro
- Desk-Sharing
- Hot Desks bzw. Hot Desking bzw. Desk Sharing 2.0
- Hotelling und Zoning
- Thinktank
- Touchdown
- Work- und Communication Lounges
- Coffee-Corner

Open Space Büro: Das Open Space Büro oder auch Multi Space Büro ist eine neue Variante des Großraumbüros. Hier arbeiten die Mitarbeitenden in großen offenen Räumlichkeiten ohne feste Wände meist an gruppierten Arbeitsplätzen (vgl. Rassek 2020). Der Unterschied zum Großraumbüro besteht darin, dass das Open Space Büro verschiedene Arbeits- und Erholungsbereiche umfasst. So gibt es neben offenen Arbeitsplätzen (Einzel- und Gruppenarbeitsplätze) auch abgeschlossene Räume für Besprechungen, Teamarbeit, Telefonate oder Videokonferenzen (Think Tanks). Zusätzlich werden oft auch Lounges zum Entspannen oder für gemeinsame Besprechungen in entspannter „Wohnzimmer-Atmosphäre“ sowie Kaffeeecken mit Stehtischen oder Sitzgelegenheiten angeboten. Teilweise werden auch Fitnessräume, Räume zur spielerischen Entspannung (z. B. Tischtennisraum, Kickerraum), Ruheräume und außergewöhnliche Arbeitsbereiche (z. B. Hängematten) in das Open Space Büro integriert. (vgl. Rassek 2020). Die Mitarbeitenden können sich jeweils diejenigen Arbeitsplätze selbst aussuchen, die sie für ihre Aufgaben gerade benötigen oder sich wünschen. Statt typischer Schreibtische gibt es häufig nur funktionale Ablageflächen für die Arbeitsmittel der Mitarbeitenden (z. B. für den Laptop oder das Tablet etc.). Die digitale Vernetzung (meist über WLAN bzw. Intranet) erlaubt die Nutzung weiterer Arbeitstechnik (z. B. Drucker, Scanner) und gewährleistet die unternehmensinterne und -externe Kommunikation.

Aus Unternehmenssicht soll das Open Space Büro die Kommunikation und die Zusammenarbeit der Mitarbeitenden fördern sowie einen schnelleren direkten und umfangreicheren Wissensaustausch sowie Problemlösungen ermöglichen. Auch die Arbeitsprozesse sollen dadurch transparenter werden. Gleichzeitig können die vorhandenen Büroflächen effizienter genutzt werden.

Aus Sicht der Mitarbeitenden bietet das Open Space Büro unterschiedliche Arbeitsplätze und Arbeitsbereiche an und fördert auch die Zusammenarbeit mit den Kolleg:innen. Nachteilig bewertet werden jedoch u. a. die fehlende Privatsphäre (eigener Schreibtisch, Arbeitsraum) und weitgehend fehlende Möglichkeiten der individuellen Arbeitsgestaltung, die Notwendigkeit, die eigenen Arbeitsmittel immer wieder mitzunehmen sowie der hohe Lärmpegel durch die offenen Räumlichkeiten. Auch höhere Infektionsmöglichkeiten durch die offenen Räumlichkeiten werden kritisiert. (vgl. SBiB-Studie Schweizerische Befragung in Büros von 2010). In Deutschland ist das Open Space Büro bislang noch nicht sehr weit verbreitet. Vor allem große US-amerikanische IT-Unternehmen wie z. B. Google und Microsoft haben das Open Space Büro bei sich eingeführt und positive Erfahrungen damit gemacht (vgl. z. B. Microsoft in München seit 2016). Aber auch Startups oder junge kleinere Unternehmen probieren das Konzept aus. Ein Beispiel für ein Open Space Büro findet sich unter: (vgl. Beispiel eines Open Space Office. Bildquelle: https://i.pinimg.com/originals/cd/15/14/cd151465e0eb87dfd702a76577adf0bd.jpg. Abruf: 19.01.2021).

Desk-Sharing: Das Konzept des Desk-Sharing ist eine Reaktion auf die gestiegene Flexibilisierung des Arbeitsortes. Beim Desk-Sharing teilen sich mehrere Mitarbeiter:innen eine begrenzte Anzahl an anonymen Arbeitsplätzen. Das bedeutet, dass die Mitarbeiter:innen keinen persönlichen Schreibtisch bzw. Arbeitsplatz mehr haben, sondern sich für die Arbeit im Büro einen anonymen freien Schreibtisch suchen. So stehen beispielsweise für 100 Mitarbeiter:innen nur 80 Schreibtische bzw. Arbeitsplätze am Standort des Unternehmens zur Verfügung (Sharingrate: 0,8). Da ein Teil der Mitarbeiter:innen nicht täglich am Unternehmensstandort (bzw. im Büro) arbeitet, reichen die zahlenmäßig geringeren Arbeitsplätze aus. Damit die Mitarbeitenden nicht zu lange nach einem freien Arbeitsplatz im Unternehmen suchen müssen, bietet es sich an, bestimmte Aufgabenbereiche oder Abteilungen räumlich zusammenzufassen (z. B. auf einer Etage) (vgl. Martin 2007, S. 13). Die Unternehmen bzw. Arbeitgeber können durch das Desk-Sharing erhebliche Kosten für die Büroräume (vor allem in Innenstädten) sparen. Zusätzlich werden die vorhandenen Arbeitsplätze besser ausgelastet. Die Mitarbeiter:innen können ihre persönlichen Arbeitsmaterialien in einem kleinen Schreibtisch-Container (Caddy) aufbewahren, der in dafür vorgesehenen Räumen (Caddy-Garage) „geparkt" werden kann. Die anonyme Arbeitsplatzwahl kann für die Mitarbeitenden vorteilhaft sein, wenn sie beispielsweise an unterschiedlichen Aufgaben und in verschiedenen Arbeitsformen (konzentrierte Einzelarbeit, Teamarbeit, Projektarbeit, Besprechung) zusammenarbeiten und sich jeweils den für die aktuelle Arbeitsform und den Arbeitsinhalt passenden Arbeitsplatz auswählen. Auch die Kommunikation zwischen den Mitarbeitenden kann durch die jeweils unterschiedliche Arbeitsplatzwahl (je nach gerade verfügbaren Arbeitsplätzen) gesteigert werden. Nachteilig kann sich die Anonymität des Arbeitsplatzes auf die Bindung des Mitarbeiters oder der Mitarbeiterin an den Arbeitgeber auswirken.

Hot Desks bzw. Hot Desking bzw. Desk Sharing 2.0: Auch bei dem Hot Desking bzw. Desk Sharing 2.0 haben die Mitarbeitenden keinen eigenen festen Arbeitsplatz mehr, sondern arbeiten an wechselnden Arbeitsplätzen (i. d. R. Schreibtischarbeitsplätze). Über ein internes Buchungssystem (Hotelling) können sich die Mitarbeitenden bei Bedarf einen Arbeitsplatz beim Arbeitgeber buchen. Das fördert die Kommunikation und den Austausch zwischen den Kolleg:innen, da je nach Arbeitsplatzsituation immer wieder unterschiedliche Kolleg:innen in einem Bürobereich zusammenarbeiten. Das interne Buchungssystem erleichtert auch die Suche nach einem freien Arbeitsplatz und fördert die flexible Gestaltung und Wahl des Arbeitsortes. Die Arbeitgeber benötigen insgesamt weniger Büroarbeitsplätze, können dadurch Ressourcen und Kosten sparen und verbessern die Auslastung der vorhandenen Büroarbeitsplätze. Zusätzlich fördert dies auch insgesamt die unternehmensinterne Kommunikation und den Wissensaustausch zwischen den Mitarbeitenden. Besonders gut geeignet ist das Desk Sharing 2.0 für junge und kleinere Unternehmen, die noch nicht so viele Mitarbeitende beschäftigen. Im Hinblick auf die Aufgabenbereiche eignet sich das Desk Sharing 2.0 vor allem für Mitarbeiter:innen im Kunden- und Außendienst und im Vertrieb, die mehr als 70 % ihrer Arbeitszeit nicht im Büro des Arbeitgebers arbeiten, aber auch für Teilzeitmitarbeitende, die z. B. nur an drei Tagen pro Arbeitswoche im Büro sind (vgl. Brückner 2020).

Hotelling und Zoning: Hotelling ist eine Weiterentwicklung des Desk Sharing 2.0. Die Mitarbeitenden können sich über ein digitales unternehmensinternes Buchungssystem genau denjenigen Arbeitsplatz buchen, den sie benötigen, beispielsweise einen „normalen" Schreibtischarbeitsplatz, einen Besprechungsraum, einen Projektarbeitsraum, einen „Ruhe-Arbeitsplatz" für konzentriertes Arbeiten oder einen Kommunikationsarbeitsplatz für Telefonate oder Videokonferenzen. Zoning bedeutet, dass Mitarbeitende, die in Teams oder Projekten zusammenarbeiten, sich eine gemeinsame „Arbeitszone" bzw. einen gemeinsamen Arbeitsbereich über das interne digitale Buchungssystem buchen können. Beim Hotelling und Zoning sparen die Arbeitgeber Bürokapazitäten und damit Kosten und steigern die Auslastung der vorhandenen Arbeitsplätze. Die Mitarbeitenden können sich je nach Bedarf und Arbeitssituation die „richtigen" Arbeitsplätze im Voraus buchen, was die Flexibilität ihres Arbeitsortes steigert und gleichzeitig sicherstellt, dass sie sich die benötigten Arbeitsplätze reservieren können. Besonders geeignet ist das Hotelling und Zoning für diejenigen Mitarbeitenden, die häufig ihren Arbeitsort wechseln, aber auch für die Zusammenarbeit in Teams und Projekten. (vgl. Brückner 2020).

Thinktank: Thinktanks sind abgeschlossene und akustisch abgeschirmte Büroräume, in denen Mitarbeitende vertrauliche Besprechungen, Telefonate oder Videokonferenzen durchführen können und nicht gestört werden. Wichtig sind diese abgeschlossenen Räumlichkeiten für ein ungestörtes Arbeiten und Besprechungen in ruhiger und vertraulicher Umgebung. (vgl. Brückner 2020). Ein Anschauungsbeispiel für einen Thinktank findet sich unter (Beispiel eines Think Tank. Bildquelle: www.coneon.de/wp-content/uploads/2017/07/MG_8525_k2.jpg. Abruf: 19.01.2021).

Touchdown: Touchdowns dienen dazu, einen Arbeitsplatz zu haben, an dem sich die Mitarbeiter:innen auf einen aktuellen Arbeitsstand bzw. Wissensstand bringen können, E-Mails oder Dateien abrufen und bearbeiten sowie kurzzeitige Arbeiten durchführen können. Konkret können Touchdowns z. B. Stehtische, Besprechungsinseln, Sofa-Lounges oder Cafeteria-Sitzecken sein. Entscheidend ist die digitale Vernetzung und die Möglichkeit kurzfristiger Aufgabenbearbeitung. Geeignet sind diese Arbeitsplätze für alle Mitarbeitenden, die häufig außerhalb des Unternehmens und im Homeoffice arbeiten, wie z. B. Kund:innendienst- und Außendienstmitarbeiter:innen, Mitarbeiter:innen in Teilzeit und im Homeoffice, und die daher im Unternehmen keinen festen Arbeitsplatz haben (vgl. Brückner 2020).

Work- und Communication Lounges: Work- und Communication Lounges sind Tisch- und Sofalandschaften, die Einzelarbeiten, Teamarbeit, Besprechungen oder auch kurze Ruhephasen in einer entspannten Arbeitsatmosphäre erlauben. Sie sind häufig Teil von Open Space Büros und dienen der entspannten (Zusammen-)Arbeit und Kommunikation, der Möglichkeit des Arbeitsplatzwechsels, der eigenen Entspannung oder für eine zwanglose Besprechung mit Kolleg:innen oder dem Projektteam. Ein Beispiel für eine Work- und Communication Lounge findet sich unter (Beispiel einer Work und Communication Lounge. Bildquelle: https://blog.mercedes-benz-passion.com/wp-cb4ef-content/uploads/2048_17C583_03.jpg. Abruf: 19.01.2021).

Coffee-Corner: Nicht fehlen dürfen in neuen Büroraumkonzepten sog. Coffee-Corners, d. h. Tee- und Kaffeeküchen, in denen sich die Mitarbeiter:innen – meist kostenfrei – kalte und warme Getränke zubereiten können. Häufig gibt es auch einen Kühlschrank für eigene und vom Unternehmen bereitgestellte Nahrungsmittel sowie die Möglichkeit, sich kleine Mahlzeiten (Obstteller, Imbiss) zuzubereiten. Moderne Coffee-Corners sind meist gut ausgestattet und umfassen u. a. Tee- und Kaffeemaschinen, Espressomaschinen, Kühlschrank, Mikrowelle, Herd, Mixer sowie ansprechenden Sitzgelegenheiten. Dadurch werden den Mitarbeitenden attraktive Möglichkeiten zur Selbstverpflegung in den Pausen und für zwischendurch, zur entspannten Kommunikation, aber auch zur Erholung und als Rückzugsraum angeboten.

3 Inhaltsorientierte Maßnahmen

3.1 Gestaltung der Arbeitsinhalte und Arbeitsbedingungen

Die Inhalte und die Bedingungen der ausgeübten Tätigkeit beeinflussen maßgeblich die Arbeitszufriedenheit und die Leistungsfähigkeit einer Person sowie die psychischen und physischen Belastungen, die mit bestimmten Arbeitsinhalten verbunden sein können.

Die meisten Aufgabenbereiche und ausgeübten Tätigkeiten sind durch Arbeitsteilung und Stellenspezialisierung geprägt. Dies hat den Vorteil, dass die Mitarbeiter:innen ihre spezifischen Arbeitsaufgaben schneller und besser beherrschen, wodurch eine höhere Arbeitsqualität und Arbeitsproduktivität erreicht werden. Allerdings fördert eine hohe Stellenspezialisierung auch die Monotonie der Arbeit und kann zu einseitigen psychischen und physischen Belastungen, geringeren sozialen Kommunikations- und Interaktionsmöglichkeiten sowie einer sinkenden Fähigkeit zur Anpassung an sich verändernde Arbeitsinhalte oder -prozesse führen. Je größer Unternehmen sind, desto ausgeprägter ist meist auch die Spezialisierung der einzelnen Stellen und Aufgabenbereiche.

Aufgrund der Entwicklung unserer Gesellschaft zur Dienstleistungs- und Wissensgesellschaft mit neuen Produktions-, Informations- und Kommunikationstechnologien sowie einem immer schnelleren Wandel der Marktanforderungen sinkt die Bedeutung der Stellenspezialisierung vor allem in komplexeren Aufgabenbereichen. Müssen sich Unternehmen in immer kürzeren Abständen an neue Kund:innenbedürfnisse und veränderte Marktbedingungen anpassen, indem neue oder veränderte Produkte oder Dienstleistungen nachgefragt werden, neues Wissen bestehende Herstellungsprozesse verändert oder bestehende Organisationsstrukturen weiterentwickelt werden, so erweist sich eine hohe Spezialisierung eher als hinderlich. Deshalb senken viele Unternehmen den Spezialisierungsgrad ihrer Stellen und fördern stattdessen individuelle und gruppenorientierte Formen der Arbeitsgestaltung, eine stärkere Individualisierung der Arbeit sowie eine höhere Arbeitsflexibilität (vgl. Stopp/Kirschten 2012, S. 155 f.). Sinkende Stellenspezialisierung verbunden mit einer hohen Dynamik und Komplexität der Unternehmensentwicklung können jedoch häufig zu physischen und psychischen Arbeitsüberlastungen sowie emotionaler

Erschöpfung führen, aus denen eine sinkende Arbeitszufriedenheit oder gesundheitliche Risiken bzw. Beeinträchtigungen der betroffenen Arbeitnehmenden resultieren können.

Um dies zu vermeiden, eignen sich die folgenden Maßnahmen zur Gestaltung der Arbeitsinhalte und der Arbeitsbedingungen.

3.1.1 Motivierende Gestaltung der Arbeitsinhalte:

Bei der Gestaltung der Arbeitsinhalte sollten folgende Aspekte berücksichtigt werden, um die Motivation und Arbeitszufriedenheit der Mitarbeitenden zu stärken und dadurch eine dauerhafte qualitativ hochwertige Arbeitsleistung sicherzustellen (vgl. Abbildung 2). Dazu gehören insbesondere (vgl. Hackman/Oldham 1975, S. 161):

- **Vielfalt der Anforderungen**: Die Arbeitsaufgaben sollten unterschiedliche Fähigkeiten und Wissensbestände der Mitarbeiter:innen ansprechen, um Monotonie und einseitige Arbeitsbelastungen zu vermeiden sowie das Fähigkeitspotenzial der Mitarbeitenden auszuschöpfen.
- **Ganzheitlichkeit der Aufgaben**: Wenn Mitarbeiter:innen nur isolierte Teilaufgaben bearbeiten, dann fehlt häufig der übergeordnete Zusammenhang und die Sinnhaftigkeit der eigenen Aufgaben wird oft nicht deutlich. Werden Mitarbeiter:innen hingegen inhaltlich umfangreichere und in sich abgeschlossene Aufgaben(bereiche) übertragen, für die sie verantwortlich sind, so erschließt sich viel eher die Bedeutung der individuellen Aufgaben und ihr Zusammenhang zur übergeordneten Unternehmensleistung. Auch die Wertigkeit der eigenen Aufgaben steigt dadurch.
- **Bedeutsamkeit der Aufgaben**: Mitarbeiter:innen sollten ihre Aufgaben als wichtig und für das Unternehmen bedeutsam einschätzen können. Das steigert nicht nur die Wertigkeit der eigenen Arbeitsleistung, sondern auch die Wertschätzung der einzelnen Person und wirkt sich dadurch positiv auf die Arbeitszufriedenheit und Motivation der Mitarbeitenden aus.
- **Autonomie der Arbeitsleistung**: Die Aufgabenerfüllung sollte inhaltliche und zeitliche Gestaltungsspielräume beinhalten, aber auch eigene Entscheidungs- und Kontrollkompetenzen des oder der Mitarbeitenden umfassen. Höhere Gestaltungsspielräume und Entscheidungskompetenzen steigern den individuellen Handlungsspielraum der Mitarbeiten-

den und ermöglichen ihnen, auf Problemsituationen oder kurzfristige sehr hohe Belastungen situationsgerecht zu reagieren und dadurch Überlastungen zu mildern bzw. zu vermeiden.

- **Rückmeldungen (feedback)** nach der Aufgabenerfüllung: Mitarbeitende brauchen zeitnahe Rückmeldungen ihrer Vorgesetzten und ggf. auch Kolleg:innen über die Ergebnisse ihrer Arbeitsleistungen. Wie gut wurden die Aufgaben erfüllt? Wo besteht noch Verbesserungsbedarf? Vor allem die Anerkennung guter oder sehr guter Leistungen ist außerordentlich wichtig für die individuelle Arbeitsmotivation und Arbeitszufriedenheit. Aber auch kritische Rückmeldungen bei einer unvollständigen oder fehlerhaften Arbeitsleistung sind wichtig, um Mitarbeitenden die Möglichkeit zum Lernen aus den Fehlern und zur Verbesserung ihrer Arbeitsleistung zu geben. Zusätzlich signalisieren Rückmeldungen auch die Wertschätzung und Aufmerksamkeit dem einzelnen Mitarbeiter:innen gegenüber.

Abbildung 2: Kriterien und Auswirkungen einer motivierenden Gestaltung der Arbeitsinhalte.
Quelle: in Anlehnung an Hackman/Oldham 1975, S. 141; 161

3.1.2 Erhöhung der Handlungsspielräume von Mitarbeiter:innen

Je größer die Einflussmöglichkeiten der Mitarbeitenden auf die Gestaltung der eigenen Arbeitssituation sind, desto eher können physische und psychische Belastungen reduziert bzw. vermieden werden (vgl. Michalk/Nieder 2007, S. 86). Dazu gehört z. B. die Möglichkeit, bestimmte Stressoren auszuschalten (z. B. Lärm, unangenehme Gerüche, Zugluft, Störungen durch Kolleg:innen oder Telefonanrufe, Termindruck, Arbeitsverdichtung etc.).

Beispielsweise reduzieren Lärmbelastungen erheblich die Konzentrationsfähigkeit. Arbeitnehmende, die in der Nähe lauter Produktionsanlagen oder in Großraumbüros arbeiten, sollten die (zeitlich begrenzte) Möglichkeit zum Rückzug in ruhigere Arbeitsräume oder der Abschottung der Lärmquellen (z. B. durch geschlossene Türen oder ruhige Arbeitsbereiche) erhalten. Besonders belastend empfinden viele Arbeitnehmende häufige Störungen des Arbeitsprozesses z. B. durch Kolleg:innen, Telefonanrufe oder Kund:innen.

Die neuen Büroraumkonzepte bieten für die verschiedenen Aufgaben jeweils geeignete Arbeitsplätze an. Abhilfe könnten auch selbst festzulegende „ungestörte Arbeitszeiten" der Mitarbeiter:innen sein, in denen sie z. B. für ein bis zwei Stunden das Telefon abstellen, die Türe schließen oder Kund:innenanfragen auf Kolleg:innen umleiten können. Aber auch die Möglichkeit, die zeitliche Bearbeitung unterschiedlicher Aufgaben selbstbestimmt strukturieren zu können, und beispielsweise Aufgaben, die eine hohe Konzentration und Ruhe erfordern, selbstbestimmt in „ruhigen" Arbeitszeiten erledigen zu können, wirken häufig schon stressreduzierend (vgl. Michalk/Nieder 2007, S. 86).

Große psychische Belastungen resultieren oft aus einem permanenten Termindruck, dem die Mitarbeitenden bei ihrer Aufgabenerfüllung unterliegen. Hilfreich wäre hier eine persönliche Einflussnahme bzw. Mitbestimmung bei der Terminplanung, um dadurch zeitlich zu knappe Terminvorgaben zu vermeiden oder mehrere nah beieinander liegende Termine zeitlich besser verteilen zu können. Aber auch die Verdichtung und steigende Komplexität von Arbeitsaufgaben wirken häufig psychisch und physisch belastend. Hier sollten Möglichkeiten geprüft werden, eine quantitative oder auch qualitative Arbeitsüberlastung durch Verteilung von Arbeitsaufgaben auf mehrere Mitarbeiter:innen bzw. zeitweise Unterstützung durch Kolleg:innen zu reduzieren. Insgesamt ist festzuhalten, dass allein das Wissen der Mitarbeiter:innen um ihren Handlungsspielraum und die Möglichkeit der Kontrolle und Beeinflussbarkeit bestimmter Arbeitsbedingungen viele Arbeitssituationen erheblich entspannen können.

3.1.3 Abwechslungsreichere Gestaltung der individuellen Arbeitsinhalte (Job Rotation)

Um die Monotonie immer gleicher oder ähnlicher Aufgaben zu verringern und die individuellen Arbeitsinhalte abwechslungsreicher zu gestalten, eignet sich ein geplanter Wechsel der Arbeitsaufgaben, z. B. durch Job Rotation. Unter Job Rotation wird ein Wechsel des Arbeitsplatzes bzw. der Arbeitsaufgaben verstanden, dessen Häufigkeit vom individuellen Arbeitsplatz abhängig ist; möglich sind Wechselrhythmen von wenigen Stunden, Tagen, Wochen bis hin zu Monaten (Stopp/Kirschten 2012, S. 158).

Grundsätzlich erfolgt der Arbeitsplatzwechsel beim Job Rotation planmäßig und umfasst gleiche oder ähnliche Aufgaben. Mittlerweile haben sich aber auch verschiedene Varianten des Job Rotation entwickelt, bei denen der Arbeitsplatzwechsel entweder spontan erfolgt, vom Arbeitgeber oder Vorgesetzten vorgegeben oder vom Mitarbeitenden selbst gewünscht wird. Eine besondere Variante des Job Rotation ist das Springer-Prinzip. Damit der Arbeitsprozess beim Ausfall einzelner Mitarbeitender nicht stockt, werden sog. Springer mehrfach qualifiziert, damit sie bei Bedarf auch andere Arbeitsplätze übernehmen können. (vgl. Berthel/Becker 2010, S. 446 ff.).

Wesentliche Ziele des Job Rotation bestehen darin, einseitige Arbeitsbelastungen und Monotonie zu vermeiden bzw. zu reduzieren und den Mitarbeitenden eine höhere Aufgabenvielfalt sowie die Entwicklung von Mehrfachqualifikationen zu ermöglichen. Die Möglichkeit, verschiedene Aufgaben zu übernehmen und einzelne Aufgabenbereiche häufiger zu wechseln, verringert die Monotonie einzelner Arbeitsaufgaben, fördert die Flexibilität der Mitarbeiter:innen sowie ihre Einsatzfähigkeit im Unternehmen. Damit leistet Job Rotation einen positiven Beitrag zur erweiterten Qualifikation und Einsatzmöglichkeit der Mitarbeitenden, aber auch zu mehr Abwechslung und einer höheren Arbeitszufriedenheit. Wie die untenstehende Tabelle 5 zeigt, überwiegen die Vorteile des Job Rotation mögliche Nachteile deutlich.

Vor- und Nachteile von Job Rotation	
Vorteile	**Nachteile**
• Geringere einseitige Belastungen und weniger Monotonie durch Wechsel verschiedener Arbeitsaufgaben • höhere Flexibilität und Anpassungsfähigkeit der Mitarbeitenden an neue Aufgaben • Kenntnisse über und mehr Verständnis für verschiedene Aufgabenbereiche und übergeordnete Arbeitszusammenhänge • höhere Bereitschaft zur Zusammenarbeit • mehr soziale Kontakte, bessere Integration • Höhere Arbeitszufriedenheit • Höhere Einsatzflexibilität der Mitarbeitenden	• Höherer Aufwand für Einarbeitung in weitere Aufgabengebiete • Höherer Aufwand für Arbeits- und Einsatzplanung der Mitarbeitenden • Ggf. Abstimmungsprobleme, längere Übergabezeiten, Integrationsprobleme • Mindestanzahl an rotationsfähigen und -willigen Mitarbeitenden je Aufgabenbereich erforderlich

Tabelle 5: Vor- und Nachteile von Job Rotation

Unbedingt zu vermeiden ist eine Überlastung der Mitarbeitenden durch zu häufige oder zu vielfältige Wechsel der Arbeitsaufgaben. Beides könnte die positiven Effekte des Job Rotation zunichtemachen und stattdessen Stress und Arbeitsüberlastung mit möglichen physischen und psychischen negativen Folgen für die Gesundheit der jeweiligen Mitarbeiter:innen bewirken.

Erweiterung der quantitativen Arbeitsinhalte (Job Enlargement)

Neben dem Wechsel von Arbeitsaufgaben dient auch die quantitative Erweiterung der Arbeitsinhalte einer größeren Arbeitszufriedenheit. Eine quantitative Erweiterung der bisherigen Arbeitsaufgaben um neue, qualitativ ähnliche Aufgaben auf einem ähnlichen Anspruchsniveau wird als Job Enlargement bezeichnet (vgl. Stopp/Kirschten 2012, S. 159).

Diese horizontale Aufgabenerweiterung kann z. B. die Ergänzung bislang nur weniger ausführender Tätigkeiten auf mehrere verschiedene ausführende Tätigkeiten umfassen. Dadurch erfahren die Mitarbeitenden mehr Abwechslung bei den ausgeübten Tätigkeiten, erhöhen ihr Verständnis für verschiedene Tätigkeitsbereiche und können sich stärker mit ihren erweiterten Aufgabenbereichen identifizieren. So lassen sich einseitige Belastungen und Monotonie der Arbeit verringern und gleichzeitig die Motivation und Zufriedenheit der Mitarbeitenden steigern. Somit kann auch das Job Enlargement ein sinnvolles und wirksames Instrument zur Förderung eines ausgeglichenen Arbeitslebens sein. Zu den Vor- und Nachteilen des Job Enlargement zählen insbesondere die folgenden (vgl. Tabelle 6):

Vor- und Nachteile des Job Enlargements	
Vorteile	**Nachteile**
• Interessantere und umfangreichere Aufgaben • Erweiterte Aufgabenbereiche erhöhen das Verständnis für umfangreichere Arbeitszusammenhänge • Höhere Identifikation der Mitarbeitenden mit ihren erweiterten Aufgabenbereichen • Steigerung der Arbeitsqualität und des Arbeitsengagements • Verminderung der Monotonie durch geringeren Spezialisierungsgrad • Höheres Arbeitsengagement und höhere Arbeitszufriedenheit	• Notwendigkeit ergänzender Qualifikationen für weitere Aufgabenbereiche • Inhaltlicher und zeitlicher Einarbeitungsaufwand • Ggf. Schwierigkeiten bei der Übernahme zusätzlicher Aufgaben und Verantwortlichkeiten • Ggf. Widerstände gegen Übernahme weiterer Aufgabenbereiche aufgrund mangelnder Flexibilität oder Angst vor Veränderungen der Arbeitsaufgaben

Tabelle 6: Vor- und Nachteile des Job Enlargements

3.1.4 Qualitative Erweiterung der Arbeitsinhalte bzw. Bereicherung der individuellen Arbeitsinhalte (Job Enrichment)

Werden die bestehenden Arbeitsaufgaben um qualitativ höherwertige Aufgaben erweitert, so wird das als Job Enrichment bezeichnet (vgl. Stopp/Kirschten 2012, S. 159 f.).

Hier erfolgt eine vertikale Aufgabenerweiterung, bei der die bestehenden Aufgaben z. B. um inhaltlich anspruchsvollere Entscheidungsaufgaben oder Kompetenzbereiche strukturell erweitert werden. So kann das Job Enrichment auch zur Qualifizierung der Mitarbeitenden im Rahmen der Personalentwicklung sowie zu ihrer Vorbereitung beispielsweise auf die Übernahme von qualitativ anspruchsvolleren fachlichen Aufgaben oder auch von Führungsaufgaben genutzt werden. Die Übernahme zusätzlicher und inhaltlich anspruchsvollerer Aufgabenbereiche sowie die Erweiterung eigener Entscheidungsspielräume fördern das Leistungsspektrum und die Leistungsfähigkeit der Mitarbeitenden und erweitert ihre Handlungs- und

Gestaltungsspielräume. Dies wiederum bewirkt eine höhere Identifikation mit der Arbeit und Sinnerfüllung, was sich auch positiv auf das Engagement der Mitarbeitenden und ihre Zufriedenheit mit der eigenen Arbeit auswirkt (vgl. Berthel/Becker 2010, S. 444 ff.).

Wesentliche Vor- und Nachteile des Job Enrichments sind in der Tabelle 7 zusammengestellt.

Vor- und Nachteile des Job Enrichments	
Vorteile	**Nachteile**
• Erweitertes und anspruchsvolleres Aufgabenspektrum • Interessantere Aufgaben • Höhere Arbeitszufriedenheit • Entwicklung der Mitarbeitenden • Erweitertes Einsatzspektrum der Mitarbeitenden • Verminderung der Monotonie • Geringerer Spezialisierungsgrad	• Qualifikationsaufwand (zeitlich, Kosten) • Gefahr der Überlastung und Unzufriedenheit bei Überforderung • Ggf. Kompetenzüberschneidungen und -streitigkeiten durch umfangreichere Aufgabenbereiche

Tabelle 7: Vor- und Nachteile des Job Enrichments

Vor allem beim Job Enrichment muss darauf geachtet werden, dass der Mitarbeitende durch die Übertragung umfangreicherer und anspruchsvollerer Aufgabenbereiche nicht überfordert oder überlastet wird, um die positive Wirkung auf die Arbeitszufriedenheit nicht zu gefährden.

3.1.5 Unterstützung der Mitarbeiter:innen durch geeignete und ausreichende Ressourcen

Stehen für die Erfüllung der Arbeitsaufgaben nicht alle notwendigen Ressourcen in ausreichender Menge und Qualität zur Verfügung, so kann dies auch erhebliche psychische und physische Belastungen erzeugen, da die Aufgaben ggf. nicht zufriedenstellend oder erst zeitlich verzögert (durch die Organisation geeigneter Ressourcen) erledigt werden können. Wesentliche Ressourcen zur Aufgabenerfüllung können beispielsweise in einer aufgabenadäquaten technischen Ausstattung (PC, Laptop, Drucker, Internetanschluss, Smartphone), ausreichendem Bürobedarf und Arbeitsmaterialien sowie ggf. der Abnahme von Routineaufgaben durch Hilfskräfte bzw. Mitarbeitende bestehen.

Auch wenn die Ressourcenausstattung der Mitarbeitenden mit Kosten verbunden ist, so können doch durch die Bereitstellung ausreichender Ressourcen zur Aufgabenerfüllung meist wesentlich höhere Folgekosten aufgrund von psychisch oder physisch bedingter Krankheitsausfälle der Mitarbeiter:innen relativ einfach vermieden werden.

3.1.6 Soziale Unterstützung von Mitarbeitenden

Belastende Arbeitssituationen können durch die soziale Unterstützung von Kolleg:innen oder Vorgesetzten entschärft werden, die z. B. in Problemsituationen oder bei schwer zu lösenden Aufgaben sowie bei kurzfristiger Arbeitsüberlastung ansprechbar sind, an der Lösung von Problemen mit ihrem Wissen mitarbeiten oder flexibel auf kurzfristige hohe Arbeitsbelastungen reagieren und damit schwierige Arbeitssituationen entspannen (vgl. Michalk/Nieder 2007, S. 86).

Schon die emotionale Anteilnahme und psychische Unterstützung von Kolleg:innen und Vorgesetzten können bei Arbeitsüberlastungen entspannend wirken. Dies gilt insbesondere für die vorgesetzten Führungskräfte, die durch eine sensible und mitarbeiter:innenorientierte Führung einerseits dauerhafte Überlastungen ihrer Mitarbeitenden gar nicht erst entstehen lassen sollten, andererseits kurzfristige hohe Arbeitsbelastungen oder besondere Problemsituationen frühzeitig wahrnehmen, ernstnehmen und geeignete Maßnahmen zur Entlastung der betroffenen Mitarbeitenden initiieren.

Besonders wichtig sind Formen der sozialen Unterstützung z. B. bei Mobbing oder anderen Formen der psychischen oder physischen Belästigung von Mitarbeiter:innen.

Eine hohe Stellenspezialisierung kann zu dauerhaften arbeitsbedingten Unterforderungen führen. Diese arbeitsbedingten Unterforderungen oder auch monotone oder einseitige Tätigkeiten können zu dem Phänomen des Boreout (Langeweile aufgrund inhaltlicher oder auslastungsbezogener Unterforderung im Arbeitsleben) führen und wirken sich längerfristig ähnlich negativ auf die psychische Gesundheit sowie die Arbeitszufriedenheit und Leistungsfähigkeit eines Mitarbeitenden aus wie eine arbeitsbedingte Überlastung. Mitarbeitende, die längerfristig arbeitsbedingt deutlich überlastet sind, sind stark burnoutgefährdet.

3.2 Gruppenorientierte Aufgabengestaltung

Neben der individuumsorientierten Aufgabengestaltung kann auch die gruppenorientierte Aufgabengestaltung Beiträge zu einer ausgeglicheneren Arbeitszufriedenheit und einer höheren Mitarbeiterbindung leisten. Bei der gruppenorientierten Aufgabengestaltung (Gruppenarbeit, Teamarbeit) wird mehreren Mitarbeiter:innen gemeinsam die Erfüllung einer bestimmten Aufgabe übertragen.

Je nach konkreter Ausgestaltung der Gruppenarbeit und spezifischem Arbeitsauftrag können die Gruppenmitglieder selbstständig über die Aufgabenverteilung und die Art der Aufgabenerfüllung entscheiden. (vgl. Stopp/Kirschten 2012, S. 16). Erste Ansätze zur Gruppenarbeit wurden in den 1960er und 1970er Jahren im Rahmen der Human Relations Bewegung zum Beispiel bei Volvo oder Norsk Hydro (vgl. Emery/Thorsrud 1976; Thorsrud 1976) entwickelt und erprobt. Die Idee der Gruppenarbeit war eine Reaktion auf die Monotonie und Entfremdung der Mitarbeitenden bei stark arbeitsteiliger bzw. spezialisierter Aufgabengestaltung insbesondere bei der Fließbandfertigung. Ziel der Gruppenarbeit war es, den Gestaltungsspielraum und die Selbstverantwortung der Mitarbeitenden bei der Aufgabenerledigung zu steigern und dadurch die Arbeit insgesamt humaner zu gestalten sowie die negativen Auswirkungen einer hohen Arbeitsspezialisierung zu vermeiden.

Mit diesen ersten Ansätzen der Gruppenarbeit konnten jedoch nur vorübergehende Steigerungen der Arbeitsproduktivität und der Arbeitszufriedenheit erreicht werden, die aber nicht dauerhaft anhielten. Als wichtiges Erfolgskriterium der Gruppenarbeit stellte sich ihre feste Einbindung in die unternehmerische Organisationsstruktur heraus. Fehlte diese, so beeinträchtigten Widerstände und Lernbarrieren höherer hierarchischer Instanzen die Erfolge der Gruppenarbeit (vgl. Holtbrügge 2007, S. 144). Dadurch verlor die Gruppenarbeit in den 1980er Jahren wieder an Bedeutung, bis sie durch die Ergebnisse einer Studie des Massachusetts Institute of Technology (MIT) von den Forschern Womack, Jones und Roos (1992) zur Arbeitsorganisation in der Automobilindustrie wieder als effiziente Arbeitsform entdeckt wurde. Bei ihrer Untersuchung der Arbeitsorganisation in der Automobilindustrie fanden sie heraus, dass die japanischen Automobilhersteller (z. B. Honda und Toyota) aufgrund ihrer weit verbreiteten Teamarbeit wesentlich produktiver arbeiteten als die amerikanischen und europäischen Automobilhersteller, bei denen es kaum Gruppenarbeit gab (vgl. Womack/Jones/Ross 1992).

Diese höhere Produktivität japanischer Automobilhersteller wurde auch in amerikanischen und europäischen Tochtergesellschaften nachgewiesen, so dass der Erfolg der stark ausgeprägten Gruppenarbeit nicht nur auf die kollektivistische Kultur der japanischen Gesellschaft zurückgeführt werden konnte. Durch diese Forschungsergebnisse erfuhr die Gruppenarbeit zunächst in der amerikanischen und europäischen Automobilindustrie, später auch in vielen anderen produzierenden Branchen wieder eine größere Beachtung und erhebliche Verbreitung. Mit dem Einsatz der Gruppenarbeit sollte nun nicht nur die Monotonie und einseitige Belastung der Arbeit reduziert werden, wie bei den Ansätzen der 1960er und 1970er Jahre, sondern vor allem die Arbeitsproduktivität und die Arbeitsqualität gesteigert werden (vgl. Katzenbach/Smith 1993).

Je nach ihren betrieblichen Schwerpunktzielen, ihrer Personen- oder Produkt- bzw. Prozessorientierung und ihrer Lebensdauer können verschiedene Formen der institutionalisierten Gruppenarbeit unterschieden werden (vgl. Abbildung 3).

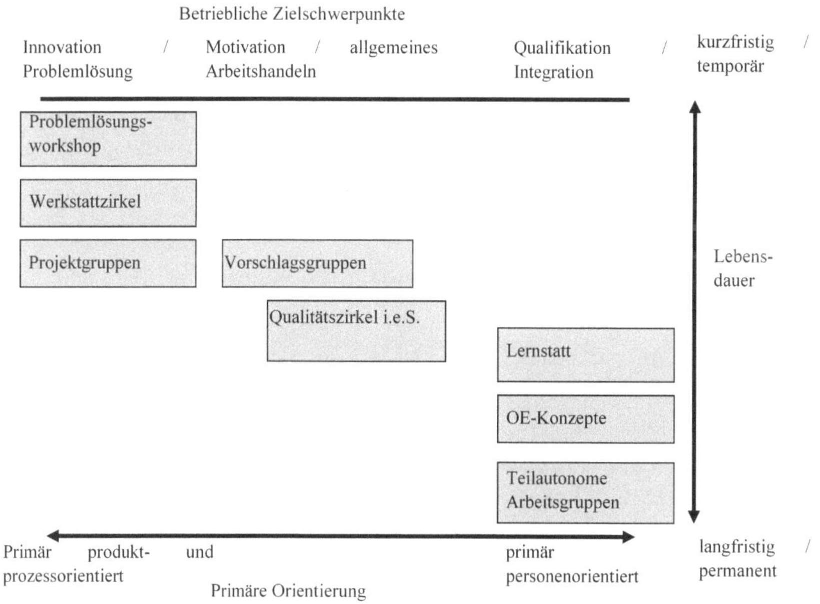

Abbildung 3: Formen institutionalisierter Gruppenarbeit.
Quelle: vgl. Breisig 1990, S. 24

Die verschiedenen Formen der Gruppenarbeit werden im Folgenden kurz vorgestellt.

3.2.1 Problemlösungsworkshops

Problemlösungsworkshops dienen zur Erarbeitung von Lösungsvorschlägen für aktuelle betriebliche Probleme oder auch zur Entwicklung von Verbesserungen im Produktions- oder Produktbereich. Als Teilnehmende werden je nach Thema erfahrene Mitarbeitende und Spezialisten zu einem ein- oder auch mehrtägigen Workshop eingeladen, der von einem Moderator geleitet wird.

3.2.2 Werkstattzirkel

Werkstattzirkel (auch Task Force Group oder teilstrukturierte Problemlösungsgruppe genannt) werden zur Bearbeitung betrieblicher Probleme oder auch zur Entwicklung von Innovationen eingesetzt. Die Mitglieder eines Werkstattzirkels sind Fachleute und erfahrene Mitarbeitende aus unterschiedlichen Arbeitsbereichen und Hierarchieebenen, die freiwillig einige Stunden während der Arbeitszeit in mehreren Sitzungen an einem vorgegebenen Thema arbeiten. Anschließend wird der Werkstattzirkel wieder aufgelöst, unabhängig vom Ergebnisstand des bearbeiteten Problems. (vgl. Erkelenz 2008, S. 545 f.; Bröckermann 2009, S. 142).

3.2.3 Projektgruppen

Projektgruppen sind zeitlich begrenzte Arbeitsgruppen, die eine konkrete Problemstellung bearbeiten. Eingesetzt werden Projektgruppen z. B. für die Entwicklung einer Software, für ein Reorganisationsprojekt oder die Entwicklung und Einführung eines neuen Produktes. Je nach Aufgabenstellung arbeiten in den Projektgruppen Fachleute und Führungskräfte gemeinsam an der konkreten Problemstellung, die sie ggf. im Unternehmen auch umsetzen sollen. Die Mitarbeitenden können für die Dauer der Projektgruppe von ihren sonstigen Aufgaben entweder zeitlich ganz oder teilweise freigestellt werden. Bei weniger arbeitsintensiven Projektaufgaben können diese auch zusätzlich zu den eigentlichen Aufgaben bearbeitet werden.

3.2.4 Vorschlagsgruppen

In Vorschlagsgruppen erarbeiten mehrere Mitarbeitende eines oder mehrerer Arbeitsbereiche Verbesserungsvorschläge. Inhaltlich können sich diese Verbesserungsvorschläge auf Arbeitsprozesse, hergestellte Produkte oder Dienstleistungen oder auch auf die Zusammenarbeit verschiedener Arbeitsbereiche beziehen.

3.2.5 Qualitätszirkel

Ursprünglich stammen Qualitätszirkel aus Japan und den USA, wo sie insbesondere in Non-Profit-Organisationen (z. B. Krankenhäuser, Schulen) eingesetzt wurden (vgl. Antoni 1990; Bungard 1992). In diesen Zirkeln werden Verbesserungen für Qualitätsprobleme bearbeitet, z. B. Steigerung der Produktqualität, Fehlerminimierung bei Produktionsverfahren oder Verbesserung der Zusammenarbeit und Kommunikation zwischen Arbeitsbereichen. Qualitätszirkel bestehen aus ca. sechs bis zwölf Teilnehmenden eines Arbeitsbereiches, die sich regelmäßig und freiwillig während oder nach ihrer Arbeitszeit treffen, um gemeinsam an selbst gewählten und konkreten Qualitätsproblemen zu arbeiten. Gesteuert wird ihre Zusammenarbeit von einem oder zwei geschulten Moderator:innen (z. B. einem Meister, einer Meisterin bzw. Vorarbeiter oder Vorarbeiterin). Die Mitglieder der Qualitätszirkel werden auch an der Umsetzung ihrer erarbeiteten Problemlösungen beteiligt. (vgl. Antoni 2009, S. 336; Jung 2008, S. 616 ff.).

3.2.6 Lernstatt

Der Begriff Lernstatt setzt sich zusammen aus „Lernen" und „Werkstatt" und entstand im Zuge der Beschäftigung ausländischer Mitarbeitender in den 1950er und 1960er Jahren in Deutschland und diente ursprünglich dazu, das sprachliche und technische Verständnis der ausländischen Mitarbeitenden zu verbessern (vgl. Bröckermann 2009, S. 141). Später entwickelte sich die Lernstatt zu einer Gruppenarbeitsform, die einem Qualitätszirkel sehr ähnlich ist. In einer Lernstatt treffen sich ca. acht bis zwölf Mitarbeitende eines gemeinsamen Arbeitsbereichs regelmäßig (ca. einmal pro Woche) über mehrere Monate, um einen selbst gewählten Problembereich zu bearbeiten, Verbesserungsvorschläge zu entwickeln und ggf. auch umzusetzen. Die Mitglieder einer Lernstatt treffen sich freiwillig und während der Arbeitszeit;

geleitet wird die Lernstatt häufig von ein bis zwei erfahrenen Mitarbeitenden (vgl. Strasmann 2008, S. 530 f.; Bröckermann 2009, S. 141 f.).

3.2.7 OE-Konzepte

Konzepte zur Organisationsentwicklung dienen der Umsetzung von Organisationsentwicklungs- oder Umstrukturierungsprozessen unter aktiver Beteiligung der betroffenen Mitarbeitenden. Inhaltlich können die OE-Konzepte je nach konkretem Entwicklungsprozess Informationen, Maßnahmen und Übungen zum Erlernen neuer Arbeitsabläufe oder Produktionsprozesse oder auch veränderter Kommunikations- und Informationsstrukturen umfassen. (vgl. Jäckel 2003, S. 641 ff.)

3.2.8 Teilautonome Arbeitsgruppen

Teilautonome Arbeitsgruppen werden auch als Gruppen- bzw. Teamarbeit im engeren Sinne bezeichnet (vgl. Wahren 1994; Antoni 1996, 2009). Ihr Ziel ist es, bestimmte Arbeitsaufgaben selbständig zu bearbeiten, wobei den Mitgliedern der teilautonomen Arbeitsgruppe die Planung, Durchführung und Kontrolle der Arbeitsaufgabe übertragen wird und auch die Verteilung von Teilaufgaben innerhalb der Arbeitsgruppe durch Selbstabstimmung in der Arbeitsgruppe erfolgt. Häufig können sich die Mitglieder auch ihre Arbeitszeit und ihre Pausen aufteilen (vgl. Oechsler 2006, S. 323 f.; Antoni 2009, S. 338).

3.2.9 Fazit

Insgesamt bietet die Gruppenarbeit gegenüber der individuellen Arbeit verschiedene Vorteile (vgl. Rosenstiel 2009, S. 323). So können bei körperlicher Arbeit die verschiedenen Kräfte der Gruppenmitglieder gemeinsam genutzt werden, wodurch Größendegressionseffekte entstehen (nach dem Motto: „gemeinsam sind wir stärker"). Die Zusammenarbeit in der Gruppe reduziert aber auch die Monotonie der Arbeitenden und das Auftreten einseitiger körperlicher Belastungen, die möglicherweise zu Gesundheitsbeeinträchtigungen führen können. Durch das größere Gesamtwissen der Gruppe und die umfangreicheren Informations- und Kommunikationsprozesse innerhalb der Gruppe können Entscheidungen besser vorbereitet werden und fachlich fundierter getroffen werden; auch bietet die Zusammenarbeit in der

Gruppe ein vielfältigeres Problemlösungsspektrum, weil alle Mitglieder ihre Ideen und ihr Wissen in die Gruppenarbeit einbringen können. Ein weiterer Vorteil ist auch die Stressreduktion durch die Arbeit in der Gruppe.

Allerdings kann die Gruppenarbeit auch Nachteile haben. Beispielsweise benötigen gemeinsame Entscheidungen in der Gruppe mehr Zeit für die Abstimmung, als wenn eine Person alleine entscheidet. Typisch für Gruppenarbeit ist die Herausbildung von Gruppennormen, die einerseits für die Zusammenarbeit in der Gruppe wichtig sind, andererseits aber nicht immer den Zielen der Unternehmensleitung entsprechen. Die Gruppennormen können auch zu einem erheblichen Konformitätsdruck führen. Das heißt, dass sich innerhalb der Gruppe bestimmte Regeln z. B. im Hinblick auf die Arbeitsleistung der Gruppe oder das Verhalten einzelner Gruppenmitglieder etablieren. Werden diese Regeln von einzelnen Gruppenmitgliedern nicht eingehalten, so müssen sie mit negativen Konsequenzen durch die Gruppe rechnen. Ein weiterer Nachteil besteht in der erschwerten Beurteilung individueller Leistungen einzelner Gruppenmitglieder, da der Leistungsbeitrag einzelner Mitglieder nicht immer eindeutig von der Gruppenleistung abgegrenzt werden kann. In Gruppen besteht auch die Gefahr, dass einzelne Mitglieder die Verantwortung für ihre Arbeit oder Entscheidungen auf die Gruppe als Ganzes abschieben und sich damit individuell nicht mehr so stark als verantwortlich betrachten.

Als Risikoschub-Phänomen wird die Tatsache verstanden, dass Mitarbeitende in Gruppen häufig bereit sind, risikoreichere Entscheidungen zu treffen, als wenn sie alleine für die Entscheidung verantwortlich wären. In innovativen und kreativen Bereichen können solche risikoreichen Entscheidungen möglicherweise große Neuheiten bewirken, die auch durchaus erwünscht sind. Demgegenüber verlangen beispielsweise eher sicherheitsorientierte Unternehmensbereiche möglichst risikoarme Entscheidungen. Insofern kann sich das Risikoschub-Phänomen je nach Entscheidungsbereich sowohl positiv als auch negativ auswirken (vgl. Holtbrügge 2007, S. 146 f.).

Die Vor- und Nachteile der Gruppenarbeit sind in der folgenden Tabelle 8 noch einmal zusammengefasst.

Vor- und Nachteile der Gruppenarbeit	
Vorteile	**Nachteile**
• Größendegressionsvorteile durch Addition der Kräfte • Abbau von einseitigen körperlichen und geistigen Belastungen • Abbau von Monotonie • Bessere Fundierung von Entscheidungen • Vielfalt an Lösungsmöglichkeiten • Stressreduktion bei den Mitarbeiter:innen • Verbesserung der Kommunikationsmöglichkeiten	• Höherer Zeitbedarf für die Entscheidungsfindung • Konformitätsdruck • Gefahr der Herausbildung von Gruppennormen, die von den Zielen der Unternehmensleitung abweichen • Erschwerte Bewertung der individuellen Leistung eines Mitarbeiters oder einer Mitarbeiterin • Gefahr der Verantwortungsdiffusion
Risikoschub-Phänomen	

Tabelle 8: Vor- und Nachteile der Gruppenarbeit.
Quelle: vgl. Holtbrügge 2007, S. 147

Wie erfolgreich die Gruppenarbeit auf die Arbeitsleistung und die Zufriedenheit der Mitarbeitenden wirkt, hängt von verschiedenen internen und externen Einflussfaktoren der konkreten Gruppenarbeit ab. Relevante Einflussfaktoren auf die Gruppenarbeit können in unabhängige, intervenierende und abhängige Variablen unterteilt werden (vgl. Abbildung 4) (vgl. Staehle 1994, S. 266 in Anlehnung an Krech/Crutchfield/Ballachey 1962, S. 457).

Zu den unabhängigen Variablen zählen die Struktur-Variablen, die Umwelt-Variablen sowie die Aufgaben-Variablen. Bei den Struktur-Variablen beeinflusst z. B. die Größe der Arbeitsgruppe den Erfolg der Zusammenarbeit; je größer die Arbeitsgruppe ist, desto schwieriger wird eine kontinuierliche Kommunikation und Abstimmung zwischen den Mitgliedern. Auch die personelle Zusammensetzung der Arbeitsgruppe spielt eine Rolle. So haben empirische Studien gezeigt, dass heterogen zusammengesetzte Gruppen für kreative und innovative Aufgabenbereiche bzw. Arbeitsphasen gut geeignet sind, da hier durch die Vielfalt der beteiligten Persönlichkeiten viele verschiedene Ideen und Sichtweisen in die Zusammenarbeit eingebracht werden. Steht jedoch die Entscheidungsfindung im Vordergrund, so sind eher homogene Arbeitsgruppen erfolgreicher (vgl. Maznevski 1994; Holtbrügge 2007, S. 147 f.).

Zu den Umwelt-Variablen zählen z. B. die funktionale Einbindung der Arbeitsgruppe in die Organisation und ihre Beziehungen zu anderen Arbeitsgruppen im Unternehmen. So ist es für das Selbstverständnis einer Arbeitsgruppe wichtig, eindeutig in die Unternehmensstruktur integriert zu sein. Aber auch die Form der Einführung von Gruppenarbeit wirkt auf ihre Effizienz. Werden Arbeitsgruppen in neu eingerichteten Werken oder Abteilungen als Arbeitsform eingeführt, so arbeiten sie meist erfolgreich zusammen. Werden allerdings Individualarbeitsplätze nachträglich in Gruppenarbeitsplätze umgewandelt, so müssen die Arbeitsgruppen häufig mit Widerständen derjenigen umgehen, deren Einfluss- und Machtpotenziale durch die nachträgliche Einführung der Gruppenarbeit sinken. Dies kann sich nachteilig auf die Zusammenarbeit und Ergebnisse der Gruppenarbeit auswirken.

Die Aufgaben-Variablen beinhalten Aspekte wie z. B. die Komplexität oder den Schwierigkeitsgrad der Aufgabe als auch mögliche Restriktionen der Gruppenarbeit. So eignet sich die Gruppenarbeit insbesondere für schwierige Aufgabenbereiche mit hoher Komplexität. Allerdings müssen auch bestehende ressourcenorientierte oder zeitliche Restriktionen berücksichtigt werden.

Neben den gerade vorgestellten unabhängigen Variablen beeinflussen auch so genannte intervenierende Variablen die Gruppenarbeit (vgl. Abbildung 4). Beispielsweise ist für die Gruppenarbeit ein kooperativer Führungsstil wichtig, der die Gruppenmitglieder bei ihren Aufgaben unterstützt und motiviert, die Gruppe koordiniert und lenkt sowie die Kommunikation fördert und die Moderation übernimmt. Aber auch die grundlegende Motivation und Zufriedenheit der Gruppenmitglieder sowie ein Entgeltsystem, das sowohl individuelle als auch Gruppenarbeitsergebnisse berücksichtigt, beeinflussen die Produktivität der Arbeitsgruppe.

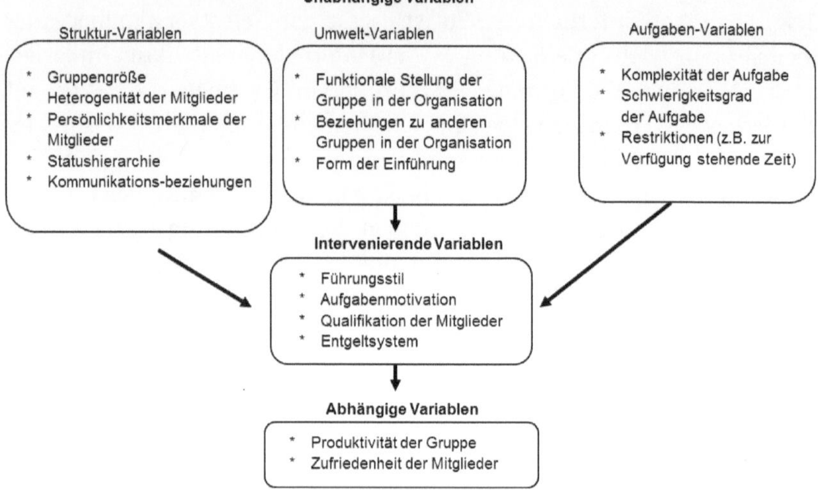

Abbildung 4: Einflussfaktoren auf die Effizienz der Gruppenarbeit.
Quelle: vgl. Staehle 1994, S. 266, Original von Krech/Crutchfield/Ballachey 1962, S. 457

4 Maßnahmen zur Gestaltung der Arbeitszeit

Die Arbeitszeit ist die Zeit vom täglichen Arbeitsbeginn bis zum Arbeitsende ohne Ruhepausen (§ 2 Abs. 1 ArbZG). In dieser Zeit hat ein Arbeitnehmender oder eine Arbeitnehmende die vertraglich festgelegten Arbeitsleistungen zu erbringen und erhält dafür das vertraglich vereinbarte Entgelt. Bei der Gestaltung der Arbeitszeit müssen die Ziele und Möglichkeiten der Unternehmen, aber auch die Wünsche und Notwendigkeiten der Arbeitnehmenden berücksichtigt werden.

Im täglichen Leben und insbesondere im Erwerbsleben kommt der Zeit eine sehr große Bedeutung zu. Die Arbeitszeit bestimmt die Dauer der Arbeit, sie bildet aber auch die Grenze zwischen Arbeitszeit und Freizeit (vgl. Michalk/Nieder 2007, S. 88). In der Diskussion um eine bessere Vereinbarkeit der verschiedenen Lebenswelten kommt der Arbeitszeit bzw. der Flexibilisierung der Arbeitszeit somit auch eine herausragende Bedeutung zu.

In den letzten Jahrzehnten ist eine zunehmende Flexibilisierung und Individualisierung der Arbeitszeit zu beobachten (vgl. Mückenberger 2006, S. 20 ff.). Diese Entwicklung ist insbesondere auf folgende Gründe zurückzuführen:

- Erstens: Für die Unternehmen sind flexiblere Arbeitszeiten wichtig, um sich schnell an marktbedingte Veränderungen anpassen zu können und dadurch wettbewerbsfähig zu bleiben. Zusätzlich hat die Entwicklung hin zur Dienstleistungsgesellschaft auch zu einer zeitlichen Ausdehnung der angebotenen Dienstleistungen und damit auch zur Ausdehnung und Flexibilisierung der Arbeitszeiten geführt. Zu denken ist hierbei an die mittlerweile üblichen längeren Öffnungszeiten des (Lebensmittel-)Einzelhandels (i. d. R. bis 20 h, teils bis 22 h oder gar 24 h), aber auch lange Servicezeiten z. B. für Wissensprodukte und -dienstleistungen, Dienstleistungen im Bereich Verkehr, Nachrichten oder Gesundheitsversorgung. Zusätzlich fördert und fordert die steigende Internationalisierung vieler Unternehmen einen höheren Flexibilisierungsgrad der Arbeitszeit, um über verschiedene Zeitzonen hinweg effektiv zusammenarbeiten zu können. Die Arbeitszeitflexibilisierung hat zu einem steigenden Anteil an zeitlich befristeten Arbeitsverhältnissen und Minijobs, aber auch zu stärker flexibilisierten Arbeitsverhältnissen (z. B. Zeitarbeit) und Arbeitszeiten geführt. Die Auswirkungen der Arbeitszeitflexibilisierung auf die Beschäftigten sind dabei sehr unterschiedlich, häufig jedoch verbunden mit einer erhöhten Beschäftigungsunsicherheit und steigenden Arbeitsbelastungen.

- Zweitens: Ein steigender Anteil der Arbeitnehmer:innen wünscht sich flexiblere Arbeitszeiten, um die verschiedenen Lebenswelten, insbesondere das Arbeits- und Privatleben, besser vereinbaren zu können. Hier spielt nicht nur die höhere Wertschätzung der Freizeit bei den Menschen eine große Rolle, sondern auch die zeitlichen Erfordernisse, um verschiedene Lebenswelten, wie z. B. das Familienleben mit Kindern, Partnerschaft, die Betreuung pflegebedürftiger Angehöriger oder soziales Engagement mit dem Berufsleben vereinbaren zu können.

Insofern bilden Maßnahmen zur Gestaltung und Flexibilisierung der Arbeitszeit einen zentralen Ansatzpunkt zur Verbesserung der Vereinbarkeit der verschiedenen Lebenswelten, aber auch zur stärkeren Bindung der Mitarbeitenden an ihren Arbeitgeber. Im Folgenden werden einige Grundzüge zur Arbeitszeit und wesentliche flexible Arbeitszeitmodelle vorgestellt.

4.1 Gestaltungsparameter der Arbeitszeit

Die Arbeitszeit umfasst drei wesentliche Gestaltungsparameter: die Dauer bzw. Länge der Arbeitszeit, die Lage der Arbeitszeit sowie die Gestaltung der Pausen (vgl. Stopp/Kirschten 2012, S. 174). Für die Gestaltung flexibler Arbeitszeiten ist darüber hinaus auch die Verteilung der Arbeitszeit wichtig.

Die Dauer der Arbeitszeit ist der zeitliche Umfang, in dem eine Arbeitnehmerin bzw. ein Arbeitnehmer ihre bzw. seine Arbeitsleistung erbringen muss, z. B. 8h pro Tag. In Deutschland regelt das Arbeitszeitgesetz (ArbZG) die maximale Dauer bzw. Länge der Arbeitszeit. So schreibt der § 3 des ArbZG eine regelmäßige werktägliche Arbeitszeit von acht Stunden vor. Allerdings gibt es zahlreiche Ausnahmen (z. B. bei Bereitschaftsdiensten oder aus anderen Gründen), die jedoch durch einen Tarifvertrag oder eine Betriebsvereinbarung geregelt werden müssen (§ 7 ArbZG). Weitere Sonderregelungen sieht das Gesetz für Schwangere (§ 8 MuSchG), für Jugendliche (§§ 8 ff. JArbSchG) und Schwerbehinderte (§ 124 SGB IX) vor. Im Rahmen dieser gesetzlichen Vorgaben wird die individuelle Dauer der Arbeitszeit durch den konkreten Arbeitsvertrag, einen bestehenden Tarifvertrag oder eine Betriebsvereinbarung festgelegt.

Mit der Lage der Arbeitszeit ist der Zeitrahmen gemeint, in dem die Arbeit geleistet wird (z. B. 8:00 Uhr bis 17:00 Uhr). Unternehmen sind daran interessiert, die Lage der Arbeitszeit so zu gestalten, dass z. B. kapitalintensive Produktionsanlagen möglichst 24 Stunden genutzt werden oder im Zuge einer hohen Dienstleistungsorientierung die Servicezeiten für die Kund:innen möglichst lang sind (z. B. von 8:00 Uhr bis 22:00 Uhr oder auch 24h). So entwickelt sich unsere Gesellschaft und Wirtschaft zu einer „rund-um-die-Uhr-Gesellschaft" (vgl. Seifert 2005, S. 40), in der ein steigender Anteil an Produkten und Dienstleistungen weit über die normalen Öffnungszeiten bis hin zu 24h am Tag angeboten wird (vgl. Thiele 2009, S. 74 f.). Für die Mitarbeitenden bedeutet dies oft Arbeit in wechselnden Schichten, was einen Ausgleich der verschiedenen Lebenswelten zusätzlich erschwert.

Arbeitszeitkonzepte dienen dazu, sowohl die Lage als auch die Dauer der Arbeitszeit zu gestalten unter Berücksichtigung der Interessen der Unternehmen aber auch der Mitarbeitenden. Wird dabei die Arbeitszeit von der Betriebszeit entkoppelt, so kann die Betriebszeit und Nutzung der Produktionsanlagen wesentlich länger sein, wobei die individuelle tägliche Arbeitszeit zwar gleichbleibt, jedoch zeitlich unterschiedlich gelagert wird, z. B. durch einen Mehr-Schicht-Betrieb oder die Ausnutzung aller Wochentage als Arbeitstage (vgl. Olfert 2008, S. 197). Tarifverträge, Betriebsvereinbarungen oder Weisungen des Arbeitgebers regeln die Lage der Arbeitszeit. Der Betriebsrat hat hier ein Mitbestimmungsrecht nach § 87 Abs. 1 Nr. 2 BetrVG über Beginn und Ende der täglichen Arbeitszeit, ihre Verteilung auf die Wochentage und über die Pausengestaltung. An Sonntagen und gesetzlichen Feiertagen gilt ein generelles Beschäftigungsverbot (§ 10 ArbZG), das jedoch durch zahlreiche Ausnahmen aufgelockert ist.

Pausen während der Arbeit sind wichtig, um Ermüdungszustände abzubauen, möglichen Ermüdungserscheinungen und -syndromen (z. B. geringere Konzentration oder verminderte Wahrnehmung) vorzubeugen und ein angemessenes Wachsamkeitsniveau bei Beobachtungs- und Kontrolltätigkeiten sicher zu stellen (vgl. Stopp/Kirschten 2012, S. 176). Empfehlenswert sind mehrere kürzere Pausen während der Arbeitszeit, da sie die Gesamtleistung steigern und einen höheren Erholungswert haben.

Die Verteilung der Arbeitszeit beinhaltet die gleichmäßige oder wechselnde zeitliche Aufteilung der vereinbarten Arbeitszeit auf Tage, Wochen, Monate oder Jahre, wobei die vereinbarte wöchentliche Arbeitszeit im

Durchschnitt abgeleistet werden muss (vgl. Kimpel/Schütte 2006, S. 53; Thiele 2009, S. 75).

Je nach konkreter Ausgestaltung der Dauer, Lage und Verteilung der Arbeitszeit gibt es eine Vielzahl an Gestaltungsformen der Arbeitszeit. Dabei lassen sich eher starre Arbeitszeiten mit fester Dauer, Lage und Verteilung von eher flexibleren Arbeitszeiten mit wechselnder Dauer, Lage und /oder Verteilung unterscheiden (vgl. Abbildung 5).

Waren früher eher starre Arbeitszeiten weit verbreitet und üblich, so stieg der Anteil an flexiblen Arbeitszeitformen in den letzten Jahrzehnten deutlich an. Auslöser für eine steigende Arbeitszeitflexibilisierung können sowohl marktbezogene, unternehmensbezogene, aber auch mitarbeiter:innenbezogene Gründe sein. So kann ein marktbedingter Auftragsrückgang Unternehmen zu einer vorübergehenden Arbeitszeitverkürzung (Kurzarbeit) zwingen; unternehmensinterne Umstrukturierungen können zu flexibleren Teilzeitschichten führen oder lebensphasenspezifische Umstände (Geburt eines Kindes, Wunsch nach Auszeit, Betreuung pflegebedürftiger Familienangehöriger) erfordern z. B. eine Verkürzung und Flexibilisierung der bisher starren Arbeitszeit, um die familiären Anforderungen und Wünsche mit der Berufstätigkeit vereinbaren zu können. Gerade jüngere Generationen (insbesondere die Generation Y und die Generation Z) wünschen sich nicht nur flexible Arbeitsorte, sondern auch flexible Arbeitszeiten, um ihre verschiedenen Lebenswelten gut miteinander vereinbaren zu können. Um die Vielfalt der privaten und beruflichen Anforderungen bewältigen zu können, eigenen sich flexible Arbeitszeitmodelle besonders gut. Darüber hinaus steigern flexible Arbeitszeitangebote die Attraktivität der Unternehmen im Wettbewerb um sehr gut qualifizierte Mitarbeiter:innen und Führungskräfte sowie ihre Bindung an den Arbeitsgeber. Abbildung 5 bietet einen Überblick über die Vielfalt an Arbeitszeitmodellen.

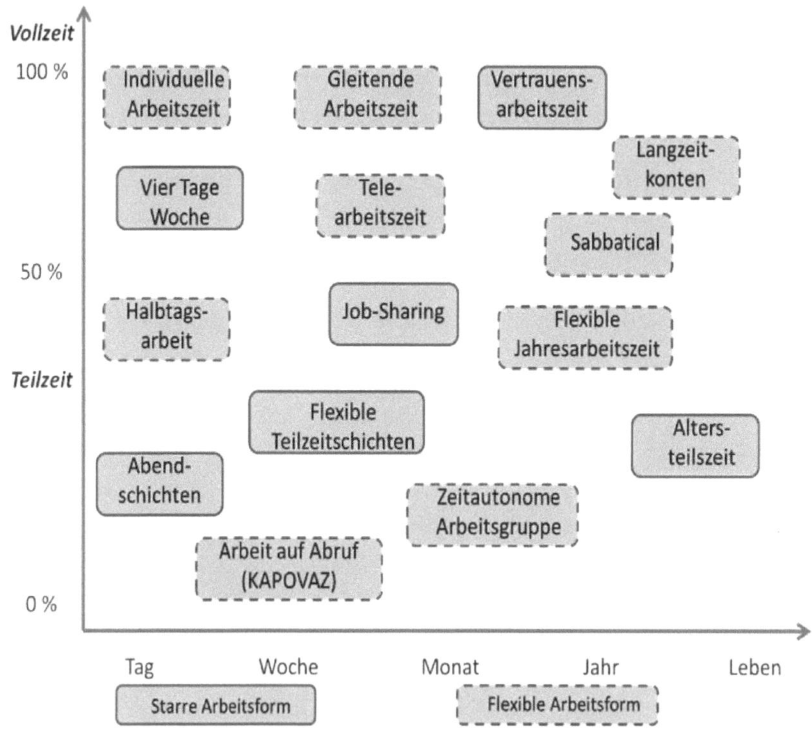

Abbildung 5: Vielfalt der Arbeitszeitmodelle.
Quelle: in Anlehnung an Michalk/Nieder 2007, S. 89

Grundsätzlich lassen sich die Arbeitszeitmodelle in traditionelle (eher starre) und moderne (eher flexible) Gestaltungsformen – im Sinne einer höheren Flexibilität der Arbeitszeit – unterscheiden.

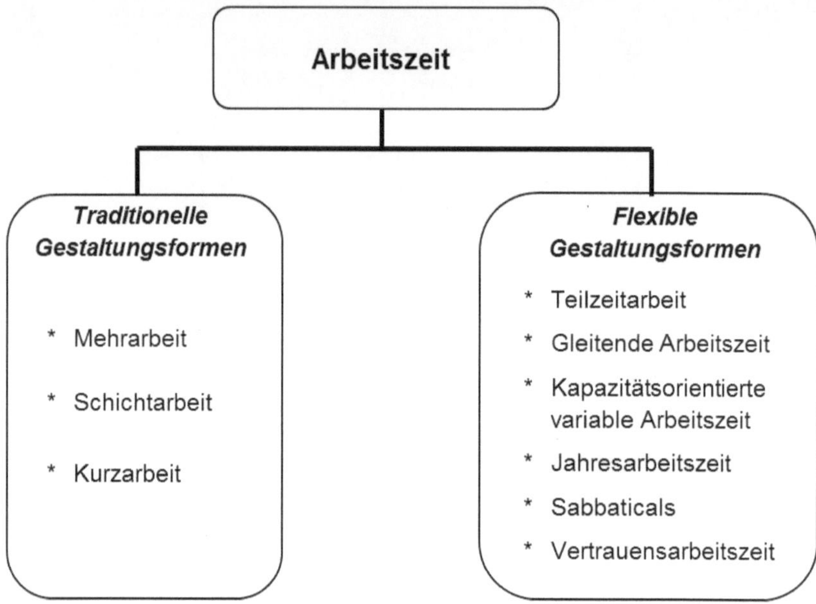

Abbildung 6: Gestaltungsformen der Arbeitszeit

Im Folgenden werden die verschiedenen Arbeitszeitmodelle vorgestellt. Zu den traditionellen Arbeitszeitmodellen zählen

- die Mehrarbeit,
- die Schichtarbeit und
- die Kurzarbeit.

4.1.1 Mehrarbeit

Als Mehrarbeit werden Überstunden bezeichnet, die ein Beschäftigter oder eine Beschäftigte über seine bzw. ihre vertraglich vereinbarte Arbeitszeit hinaus leistet. Mehrarbeit kann vom Arbeitgeber angeordnet werden, wenn z. B. die Auftragslage des Unternehmens stark angestiegen ist oder z. B. bei Saisonarbeit. Sie kann aber auch vom Arbeitgeber geduldet werden, wenn die Mitarbeitenden ihr Arbeitspensum nicht in der vereinbarten Arbeitszeit bewältigen können. Auch Sonntags- und Feiertagsarbeit gelten als Mehrarbeit. Die Vorteile der Mehrarbeit bestehen für Unternehmen darin, dass sie ihre Kapazitäten erhöhen und Leistungen steigern können, ohne zusätzliches Personal einzustellen. Für die betroffenen Mitarbeiter:innen bedeutet Mehrarbeit i. d. R. eine deutliche Zusatzbelastung, allerdings ist damit auch ein zusätzliches Einkommen durch die Vergütung der Überstunden bzw. entsprechenden Freizeitausgleich verbunden, der den Mitarbeiter:innen in bestimmten Lebensphasen durchaus willkommen ist.

4.1.2 Schichtarbeit

Schichtarbeit bedeutet, dass die Betriebszeit in mehrere Arbeitszeitabschnitte eingeteilt wird, in denen jeweils die gleichen Arbeitsaufgaben erbracht werden, um z. B. die Produktionsanlagen kontinuierlich nutzen zu können oder lange Öffnungs- und Servicezeiten für die Kund:innen zu gewährleisten.

Schichtarbeit kann in unterschiedlichen Formen erfolgen:

- Das Einschicht-System: hier ist die regelmäßige tägliche Arbeitszeit länger als die tariflich vereinbarte Arbeitszeit. Durch entsprechende Freischichten wird diese tägliche überlange Arbeitszeit ausgeglichen.
- Das Mehrschicht-System unterteilt die tägliche Betriebszeit in mehrere Schichten, wodurch ein Arbeitsplatz je Schicht durch verschiedene Mitarbeiter:innen besetzt ist.
- Das Wechselschicht-System beinhaltet einen regelmäßigen täglichen, wöchentlichen oder monatlichen zeitlichen Wechsel der Arbeitsschichten, bei dem die Mitarbeiter:innen einen festgelegten Wechselrhythmus haben (z. B. von der Frühschicht in die Spätschicht und anschließend in die Nachtschicht).

Für Unternehmen ist die Schichtarbeit vorteilhaft, weil sich hierdurch die Betriebszeit verlängert und kapitalintensive Anlagen besser ausgelastet werden können sowie längere Öffnungs- und Servicezeiten für die Kund:innen gewährleistet werden können. Für die Mitarbeiter:innen sind Schichtarbeitssysteme in der Regel belastend, insbesondere bei Spät- und Nachtschichten. Je nach Lebenssituation und Umfang der privaten oder familiären Verpflichtungen können Schichtsysteme entweder die Vereinbarkeit verschiedener Lebenswelten zusätzlich belasten, da die meisten Kinderbetreuungseinrichtungen ab 18h geschlossen haben und somit eine

Vereinbarkeit der Berufstätigkeit z. B. mit Spät- oder Nachtschichten mit der Kinderbetreuung kaum noch möglich ist. Andererseits können Schichtsysteme für die Work-Life-Balance auch vorteilhaft sein, wenn Eltern z. B. im Frühschichtsystem arbeiten können, wenn ihre Kinder im Kindergarten oder in der Schule sind und nachmittags, wenn die Kinder zu Hause sind, die Arbeitsschicht bereits beendet ist und die Kinderbetreuung so selbst übernommen werden kann. Schichtarbeitssysteme können aber auch die wechselseitige Betreuung der Kinder oder von pflegebedürftigen Familienangehörigen dadurch ermöglichen, dass die Eltern zu unterschiedlichen Zeiten arbeiten können und dadurch mindestens ein Elternteil für die Betreuung der Kinder oder Familienangehörigen zur Verfügung steht. Allerdings bergen diese Schichtarbeitsmodelle bei gleichzeitiger hoher familiärer Belastung auf Dauer die Gefahr einer erheblichen physischen und psychischen Überlastung der Betroffenen.

4.1.3 Kurzarbeit

Wird die vertraglich vereinbarte Arbeitszeit zeitlich begrenzt reduziert, spricht man von Kurzarbeit. Diese kann das ganze Unternehmen oder auch nur Unternehmensteile betreffen. Bei der Kurzarbeit werden die Arbeitspflichten sowie das Entgelt entsprechend reduziert (entweder gleichmäßig auf alle Wochentage oder ungleichmäßig auf einzelne Tage oder Zeiträume), der Arbeitsvertrag bleibt jedoch unberührt. Die Einführung der Kurzarbeit bedarf einer Rechtsgrundlage, meist als Betriebsvereinbarung oder Vereinbarung im Rahmen des geltenden Tarifvertrages. Da Kurzarbeit meist aufgrund externer Nachfragerückgänge oder akuter Unternehmenskrisen angeordnet bzw. vereinbart wird und nicht längerfristig geplant ist, ist ihr Beitrag zu einer größeren Ausgeglichenheit zwischen den verschiedenen Lebenswelten eher gering. Allerdings kann dadurch (vorübergehend) die Arbeitslosigkeit vermieden werden und ggf. die Übernahme umfangreicherer häuslicher oder privater Pflichten dadurch ermöglicht werden.

4.2 Flexible Gestaltungsformen der Arbeitszeit

Zu den flexiblen und daher moderneren Gestaltungsformen der Arbeitszeit gehören insbesondere die Teilzeitarbeit, Job-Sharing, die gleitende

Arbeitszeit, die Vertrauensarbeitszeit, die kapazitätsorientierte Arbeitszeit, Arbeitszeitkonten, die Jahresarbeitszeit sowie Sabbaticals.

4.2.1 Teilzeitarbeit

Teilzeitarbeit bedeutet, dass ein:e Arbeitnehmer:in eine kürzere Arbeitszeit hat als die tariflich vereinbarte Arbeitszeit eines Vollzeitarbeitnehmers, wofür er auch eine geringere Vergütung und entsprechend anteilige Sozialleistungen erhält (§ 2 TzBfG) (vgl. Meinel/Heyn/Herms 2015).

Der Umfang (die Dauer) der Teilzeitarbeit kann je nach Vereinbarung stark variieren, von wenigen Stunden pro Woche bis fast zur Vollzeitbeschäftigung. Weit verbreitet ist jedoch die Halbtagsbeschäftigung (ca. 20h / Arbeitswoche), die sich entweder gleichmäßig auf alle Arbeitstage pro Woche erstreckten kann oder nur an einigen Arbeitstagen (z. B. nur an drei Arbeitstagen pro Arbeitswoche) ausgeübt wird. Die Arbeitszeit kann täglich, wöchentlich oder monatlich verkürzt werden. Voraussetzung für eine Teilzeitarbeit ist, dass die Arbeitsaufgaben sachlich und zeitlich teilbar sind. Ein Mitarbeitender hat Anspruch auf Teilzeitarbeit, wenn sein bzw. ihr Arbeitsverhältnis länger als sechs Monate besteht und keine betrieblichen Gründe gegen eine Teilzeitarbeit sprechen (§ Abs. 1, 4 TzBfG). Damit haben grundsätzlich auch Führungskräfte und leitende Angestellte einen Anspruch auf eine Teilzeitbeschäftigung. Auch geringfügig Beschäftigte gelten als teilzeitbeschäftigt. Der Betriebsrat hat bei der Vereinbarung der Teilzeitarbeit ein Mitbestimmungsrecht (vgl. Stopp/Kirschten 2012, S. 178).

Von der Kurzarbeit unterscheidet sich die Teilzeitarbeit durch ihre Freiwilligkeit. Die Teilzeitarbeit ermöglicht eine flexible Gestaltung der Dauer, Lage und Verteilung der verkürzten Arbeitszeit, wobei Arbeitgeber und Arbeitnehmer:innen ihre Interessen aufeinander abstimmen können. In Kombination mit anderen flexiblen Arbeits(zeit)modellen, wie z. B. der Vertrauensarbeitszeit, der Gleitzeit, Jahresarbeitszeitmodellen oder auch der Telearbeit erweitern sich die Handlungsspielräume insbesondere für die Mitarbeiter:innen deutlich (vgl. Thiele 2009, S. 79).

Bei der Teilzeitarbeit lassen sich als Ausgestaltungsmöglichkeiten Grundformen, Altersteilzeit und Job-Sharing unterscheiden. In den Grundformen kann Teilzeitarbeit entweder mit festen Arbeitszeiten (z. B. 3 Arbeitstage á 8 Stunden oder 5 Arbeitstage á 4 Stunden pro Woche) oder mit flexiblen Arbeitszeiten (z. B. gleitende Arbeitszeit, Jahresarbeitszeit, kapazitätsorientierte Arbeitszeit) vereinbart werden.

Das Zweite Gesetz für moderne Dienstleistungen am Arbeitsmarkt schuf mit den „Hartz II" Regelungen (aktuelle Überarbeitung als Hartz IV-Regelungen) einen neuen Niedriglohnsektor, zu dem u. a. Minijobs und geringfügige Beschäftigungen in Privathaushalten gehören, die sich grundsätzlich auch für Teilzeitbeschäftigungen eignen (vgl. Olfert 2008, S. 202).

Zum gleitenden Übergang in den Ruhestand hat sich die Form der Altersteilzeit entwickelt, die mittlerweile jedoch nicht mehr gesetzlich gefördert wird und daher an Bedeutung abnimmt. Das Job-Sharing als Sonderform der Teilzeit wird unten separat erläutert.

Für die Mitarbeitenden ist die Teilzeitarbeit vorteilhaft, weil sie berufstätig sein können und trotzdem in erforderlichem Maße ihren privaten, insbesondere familiären Verpflichtungen nachkommen können. So ermöglicht eine Teilzeitarbeit oft auch größere zeitliche Gestaltungsspielräume bei der Organisation der beruflichen und privaten Verpflichtungen. So ist die Teilzeitarbeit gerade bei Frauen und Müttern mit umfangreichen familiären Aufgaben weit verbreitet. Wesentliche Nachteile der Teilzeitarbeit für die Mitarbeitenden bestehen jedoch einerseits in dem geringeren Entgelt, andererseits in der immer noch vorherrschenden geringeren Anerkennung einer Teilzeitbeschäftigung. Dies wirkt sich häufig auch negativ auf die Karriereperspektiven der Teilzeitbeschäftigten aus vor allem in Führungspositionen (vgl. Schönefeld 2006, S. 30 ff.).

Für die Unternehmen bestehen die Vorteile einer Teilzeitbeschäftigung ihrer Mitarbeitenden darin, dass diese – vorausgesetzt die Teilzeitbeschäftigung erfolgt auf Wunsch des Arbeitnehmers bzw. der Arbeitnehmerin – i. d. R. hoch motiviert und stark leistungsbereit sind, was eine hohe Arbeitsproduktivität dieser Teilzeitarbeitnehmer:innen verspricht und auch die Mitarbeiterbindung fördern kann.

> **Praxisbeispiel**: Flexible Arbeitszeiten
> Die TLA GmbH ermöglicht Arbeit im Homeoffice, unterstützt ihre Beschäftigten bei der Kinderbetreuung und hilft ihnen damit, Beruf und Familie zu vereinbaren. (vgl. TLA Transport Logistik Agentur GmbH).
> Unternehmen: TLA Transport Logistik Agentur GmbH
> Ort: Ursensollen, Bundesland: Bayern
> Branche: Sonstige (Transport, Logistik)
> Mitarbeiter:innenzahl: 36
> Flexible Arbeitszeiten schaffen mehr Zeit für die Familie

Die TLA Transport und Logistik Agentur GmbH ist ein inhabergeführtes Kurier- und Speditionsunternehmen mit 36 Beschäftigten. Im Wettbewerb um qualifizierte Arbeitskräfte setzt der Geschäftsführer der TLA GmbH auf familienfreundliche Arbeitsbedingungen. Das Unternehmen bietet flexible Arbeitszeiten an, unterstützt die Beschäftigten bei der Kinderbetreuung und hilft ihnen damit, Beruf und Familie gut zu vereinbaren.
Bei dem Speditionsunternehmen müssen Servicezeiten von 7:00 Uhr bis 18:00 Uhr abgedeckt werden. Innerhalb dieses Zeitraums können die Arbeitszeiten individuell gestaltet werden. Jede Abteilung stimmt die Arbeitszeiten unter Berücksichtigung der Bedürfnisse der Beschäftigten selbstständig ab. So können beispielsweise Eltern, die an die Öffnungszeiten einer Kinderbetreuungseinrichtung gebunden sind, morgens mit der Arbeit beginnen, nachdem sie ihre Kinder zur Betreuung gebracht haben. Wenn Beschäftigte kurzfristig ausfallen, weil ihr Kind krank ist oder sie Angehörige pflegen, können Kolleginnen und Kollegen leicht ihre Aufgaben übernehmen. Denn ein Drittel der Beschäftigten ist auch für die Arbeit in anderen Abteilungen qualifiziert. Mitarbeiter:innen mit Kinderbetreuungs- und Pflegeaufgaben können sich auch längerfristig freistellen lassen. Sie können ihre Fehlzeiten später über ein Arbeitszeitkonto ausgleichen.
Neben den flexiblen Arbeitszeiten haben die Beschäftigten zudem die Möglichkeit im Home-Office zu arbeiten. Dadurch schafft die TLA GmbH gute Voraussetzungen, um nach der Elternzeit schnell wieder in den Beruf einzusteigen. Der Geschäftsführer der TLA GmbH ermuntert auch besonders Väter, die Elternzeit zu nutzen. Das Speditionsunternehmen übernimmt darüber hinaus die kompletten Kinderbetreuungskosten und beschenkt Eltern bei der Geburt jedes Kindes. Dies stärkt auch die Bindung der Mitarbeitenden an die TLA GmbH.
Quelle: Erfolgsfaktor Familie 2012: Flexible Arbeitszeiten. In: www.erfolgsfaktor-familie.de/default.asp?id=500&;d=29. Abruf 30.11.2012

4.2.2 Job-Sharing

Job-Sharing (deutsch: Arbeitsplatzteilung) ist eine Sonderform der Teilzeitarbeit. Sie stammt aus den USA und wurde in Deutschland in den 1980er Jahren bekannt, wird aber bislang in Deutschland noch nicht sehr häufig eingesetzt. Hierbei teilen sich meist zwei oder auch mehrere Mitarbeitende als Gemeinschaft meist einen Vollzeitarbeitsplatz. Ihre Arbeitszeit können sie häufig autonom festlegen. Beim Job-Sharing lassen sich grundsätzlich funktionale und zeitliche Teilungen des Arbeitsplatzes unterscheiden (vgl. Berthel/Becker 2010, S. 525).

- Eine funktionale Teilung des Vollzeitarbeitsplatzes bedeutet, dass die Gesamtaufgabe in meist zwei unterschiedliche inhaltliche Aufgabenbereiche geteilt wird. Bei der zeitlichen Teilung des Arbeitsplatzes sind die Arbeitsaufgaben der Job-Sharing-Partner identisch, aufgeteilt wird jedoch die zeitliche Durchführung der Aufgabenerfüllung.
- Bei der zeitlichen Aufteilung sind sehr unterschiedliche Varianten möglich. Weit verbreitet ist die zeitliche Aufteilung zu gleichen Teilen (50:50) im Halbtagsrhythmus (z. B. vormittags und nachmittags). Möglich ist jedoch auch eine ungleiche zeitliche Aufteilung, z. B. 60:40, eine Aufteilung auf bestimmte Wochenarbeitstage oder auch die Variante, dass sich mehrere Arbeitnehmer:innen mehrere Arbeitsplätze teilen. Beispielsweise können sich fünf Arbeitnehmer:innen vier Arbeitsplätze teilen, wobei jeder Arbeitnehmer:innen einen Tag pro Woche frei hat. Auch bei der funktionalen Teilung können die inhaltliche Struktur und Aufteilung der Aufgabenerfüllung je nach konkretem Job-Sharing-Modell variieren. Grundsätzlich wichtig für eine gute Zusammenarbeit im Job-Sharing sind ein ausgeprägtes Planungs- und Organisationsvermögen sowie eine positive zwischenmenschliche Beziehung zwischen den Job-Sharing-Partner:innen.

Je nach inhaltlicher Aufteilung werden beim Job-Sharing insbesondere die folgenden Varianten unterschieden:

- Job-Splitting,
- Job-Pairing,
- Job Split Level Sharing und
- Top Sharing.

Job Splitting

Das Job Splitting ist eine weit verbreitete Form des Job-Sharings. Hierbei bearbeiten zwei oder mehr Mitarbeiter:innen einen Aufgabenbereich, wobei sie die Dauer und Lage ihrer Arbeitszeiten autonom untereinander aufteilen können. Meist wird ein Vollzeitarbeitsplatz in zwei voneinander unabhängige Teilzeitarbeitsplätze mit identischen Aufgabenprofilen aufgeteilt. Insofern bedarf es auch keiner intensiven Interaktion und Kooperation zwischen den Job-Sharing-Partner:innen (vgl. Olfert 2010, S. 203). Sie erhalten jeweils unabhängige Arbeitsverträge, in denen ggf. eine gegenseitige Vertretung für Ausfallzeiten (z. B. aufgrund von Krankheit oder Urlaub) vereinbart werden kann (§ 5 Abs. 1 BschFG). Kündigt ein Job-Sharing-Partner seinen Arbeitsvertrag, bleibt der Arbeitsvertrag des oder der anderen Job-Sharing-Partners bzw. -Partnerin davon unberührt bestehen und darf nicht einfach gekündigt werden (vgl. Ricardi 2008, S. 83 f.). Findet der Arbeitgeber keinen Ersatz für den freigewordenen Job-Sharing-Arbeitsplatz, kann er eine Änderungskündigung für den oder die verbliebenen Job-Sharing-Partner:in aussprechen, um z. B. den Arbeitsplatz wieder vollständig (ganztags) zu besetzen. Mit dieser Änderungskündigung muss das Angebot zur Fortsetzung des Beschäftigungsverhältnisses unter anderen Bedingungen verbunden sein. Kann oder möchte der oder die verbliebene Job-Sharing-Partner:in das neue Beschäftigungsangebot nicht annehmen, besteht die Möglichkeit einer Kündigungsschutzklage (vgl. Brox/Rüthers/Henssler 2004, S. 182).

Job Pairing

Beim Job Pairing tragen die Partner:innen gemeinsam die Verantwortung für einen Aufgabenbereich, müssen sich bei ihrer Aufgabenerfüllung abstimmen und wichtige Entscheidungen gemeinsam tragen (vgl. Olfert 2010, S. 203; Holtbrügge 2007, S. 162). Die Verbundenheit bei der Aufgabenerfüllung kommt auch dadurch zum Ausdruck, dass mit beiden Partner:innen ein gemeinsamer Arbeitsvertrag abgeschlossen wird, der auch nur gemeinsam gekündigt werden kann.

Das Job Pairing eignet sich z. B. zur Verbindung flexibler Arbeitszeiten mit der Personalentwicklung in unterschiedlichen Karrierephasen von Mitarbeiter:innen. So bietet Job Pairing z. B. älteren Mitarbeiter:innen in einer späten Karrierephase die Möglichkeit, ihr umfangreiches Expert:innen- und Erfahrungswissen an jüngere Mitarbeiter:innen weiterzugeben und gleichzeitig von einer Vollzeitbeschäftigung in eine Teilzeitbeschäftigung zu wechseln. Dadurch können die physischen und psychischen Belastungen des Berufslebens reduziert werden. Gleichzeitig kann eine Verlagerung der persönlichen Schwerpunktinteressen weg vom Beruf und hin zu mehr privaten Aktivitäten oder als Vorbereitung auf den baldigen Ruhestand erfolgen. Jüngere Mitarbeiter:innen in einer frühen Karrierephase könnten hier gut als Job-Sharing-Partner:innen eingesetzt werden, da sie über eine hohe Leistungsfähigkeit und aktuelle Qualifikationen verfügen, ihnen aber noch das Erfahrungswissen der älteren Mitarbeiter:innen fehlt, das sie durch das Job-Pairing erwerben können.

In dieser Konstellation (Job-Pairing zwischen einem älteren und einem jüngeren Mitarbeiter:innen) bietet das Job-Pairing für beide Partner:innen und das Unternehmen folgende Vorteile (vgl. Berthel/Becker 2010, S. 530):

- Umfangreiche Nutzung der spezifischen Qualifikationen von jüngeren und älteren Mitarbeiter:innen
- Initiierung wechselseitiger Lernprozesse zwischen älteren und jüngeren Mitarbeiter:innen
- Transfer und Bewahrung von Qualifikationen und Wissen zwischen den Mitarbeiter:innen zum Nutzen des Unternehmens
- Berücksichtigung der spezifischen Karriereinteressen von jüngeren und älteren Mitarbeiter:innen
- Instrument zur besseren Vereinbarung verschiedener Lebensbereiche im Rahmen einer Work-Life-Balance
- Möglichkeit zur Übernahme verantwortungsvollerer Aufgabenbereiche auch für noch recht unerfahrene jüngere Mitarbeiter:innen in Kooperation mit erfahrenen älteren Mitarbeiter:innen
- Personalentwicklung durch Qualifikationstransfer
- Übernahme von Mentoringfunktionen für den jüngeren Mitarbeiter:innen durch den älteren Mitarbeiter:innen
- Bindung des älteren Mitarbeiters bzw. der älteren Mitarbeiterin bis zum „offiziellen" Ruhestand.

Split Level Sharing

Das Split Level Sharing ist eine funktionale Variante des Job Sharings, bei der neben der selbstbestimmten Arbeitszeitgestaltung und Absprache mit dem bzw. der Sharing-Partner:in die Arbeitsaufgaben der Stelle in unterschiedliche Qualifikationen aufgeteilt werden. So könnten sich z. B. eine Kauffrau und eine Juristin einen Arbeitsplatz im Personalmanagement teilen und die jeweils spezifischen kaufmännischen (z. B. betriebswirtschaftliche Aufgaben) bzw. juristischen (z. B. Arbeitsrecht) Aufgaben bearbeiten. Eine weitere Möglichkeit bildet die Aufteilung der Arbeitsaufgaben eines Arbeitsplatzes in anspruchsvollere und weniger anspruchsvolle Aufgaben. Hier übernimmt ein:e Sharing-Partner:in die anspruchsvolleren Aufgaben und der andere die weniger anspruchsvolleren Aufgaben. Dadurch ermöglicht das Split Level Sharing eine Teilung des Arbeitsplatzes auch für Mitarbeiter:innen mit unterschiedlichen Qualifikationen. Voraussetzung für den Einsatz des Split Level Sharing ist jedoch die Teilbarkeit der Arbeitsaufgaben.

Top-Sharing

Top-Sharing ist ein Modell der Arbeitsplatzteilung für Führungspositionen. Zwei oder mehr Führungskräfte teilen sich die Arbeitsaufgaben einer Führungsposition, wobei sie gemeinsam die Verantwortung für die Aufgabenerfüllung übernehmen, und auch gemeinsam wichtige Entscheidungen treffen (z. B. Personalentscheidungen, strategische Entscheidungen oder umfangreichere Investitionen). Julia Kuark und Hans Ulrich Locher haben den Begriff des Top-Sharings 1998 geprägt (vgl. Kuark/Locher 1999; Kuark 2012). Top-Sharing ist noch eine recht junge Variante des Job Sharing, die noch nicht so weit verbreitet ist, nicht zuletzt aufgrund der anhaltenden Diskussionen um die Frage, inwieweit Führungspositionen teilbar sind und die bislang immer noch geringe Akzeptanz des Top-Sharings in den Unternehmen. In der Schweiz gibt es jedoch seit einigen Jahren mehrere Pilotprojekte zum Top-Sharing mit interessanten Ergebnissen (vgl. Kuark 2012). Und auch in Deutschland gibt es mittlerweile mehr Praxisbeispiele zum Einsatz des Top-Sharing.

Zur Bewertung des Job-Sharings

Die Vorteile des Job Sharings für die Mitarbeiter:innen bestehen insbesondere darin, die Arbeitszeit und Arbeitsdauer individuell gestalten zu können. Die reduzierte Arbeitszeit im Vergleich zu einem Vollzeitarbeitsplatz schafft größere Zeitkontingente für die Verfolgung von Interessen und Zielen in den anderen Lebensbereichen (z. B. mehr Zeit für die Familie, zur Kinderbetreuung, für Hobbies, Sport oder die Übernahme ehrenamtlicher Aufgaben). Die höhere zeitliche Flexibilität der Arbeitszeit bietet den Vorteil, die verschiedenen beruflichen, familiären und privaten Verpflichtungen im Tagesablauf bzw. Wochenrhythmus besser vereinbaren und aufeinander abstimmen zu können. So kann die Berufstätigkeit hier z. B. mit Öffnungszeiten von Kinderbetreuungseinrichtungen, Schulbesuchen, eigenen Betreuungszeiten für Kinder oder pflegebedürftige Angehörige besser aufeinander abgestimmt und ggf. zeitlich flexibel angepasst werden. Dies entspricht auch den Wünschen von Beschäftigten, die sich häufig eine höhere Flexibilität der Arbeitszeit z. B. durch Job-Sharing-Angebote wünschen. Zusätzlich entspricht die Möglichkeit, auch in anspruchsvollen Aufgabenbereichen in Teilzeit im Job-Sharing zu arbeiten, dem Wunsch vieler Mitarbeitender nach einer verkürzten Arbeitszeit.

Aber auch für den Arbeitgeber sind Angebote zur Arbeitsplatzteilung vorteilhaft. Die geteilte Besetzung des Arbeitsplatzes ermöglicht Synergieeffekte zwischen den Sharing-Partner:innen, bessere Möglichkeiten der gegenseitigen Vertretung bei Ausfallzeiten (sofern vertraglich vereinbart) sowie eine höhere Kapazität bei hohem Arbeitsanfall. Darüber hinaus gewinnt das Unternehmen das Wissen und die Kompetenz zweier Mitarbeiter:innen. Scheidet ein:e Job-Sharing-Partner:in aus dem Arbeitsverhältnis aus, bleibt der Arbeitsplatz immer noch mit dem bzw. der anderen Partner:in besetzt bzw. kann über eine Änderungskündigung für den bzw. die andere:n Partner:in und das Unternehmen schnell besetzt werden.

Mögliche Nachteile von Job-Sharing-Angeboten für den Arbeitgeber können in dem höheren Informations- und Kommunikationsaufwand sowie in der Notwendigkeit einer positiven zwischenmenschlichen Beziehung zwischen den Job-Sharing-Partner:innen bestehen. Auch die Wiederbesetzung eines freigewordenen Job-Sharing-Arbeitsplatzes kann schwierig sein. Zusätzlich sind Job-Sharing-Angebote mit einem höheren Personalaufwand und etwas höheren Personalkosten verbunden.

Praxisbeispiel: Job-Sharing bei Fraport AG
Branche: Flughafenbetreiber
Beschäftigte: 12.363
Hauptsitz: Frankfurt am Main (Hessen)
Internet: http://www.fraport.de/

Bei dem Flughafenbetreiber Fraport AG wird in vielen Aufgabenbereichen im 24-Stunden-Schichtbetrieb gearbeitet. Trotzdem bestehen seit 1987 unterschiedliche flexible Arbeitszeitmodelle für die Mitarbeiter:innen. Neben Teilzeit, Gleitzeit und Telearbeit bietet das Unternehmen auch Job-Sharing-Modelle, Wunschdienstpläne und eine Arbeitszeit-Tauschbörse an. Bei den Job Sharing Angeboten teilen sich i. d. R. zwei Mitarbeiter:innen eine Vollzeitstelle, wobei der Arbeitsablauf und Informationsaustausch über sog. Aufgabenlisten sichergestellt

wird, in denen die jeweiligen Bearbeiter:innen ihre bearbeiteten bzw. noch zu bearbeitenden Aufgaben dokumentieren. Auch im Schichtbetrieb ist Job-Sharing bei der Fraport AG möglich. Insgesamt können Mitarbeiter:innen zwischen 50 % bis 80 % in Teilzeit arbeiten. Mit diesen Teilzeitangeboten spricht die Fraport AG auch explizit ihre Führungskräfte an, um sie insbesondere in der Phase der Familiengründung im Unternehmen zu halten, aber auch um für die jüngeren sehr gut qualifizierten Mitarbeiter:innen und Führungskräfte ein attraktiver Arbeitgeber zu sein. Insgesamt legt das Unternehmen bei den Teilzeitangeboten Wert auf individuell angepasste Lösungen, um den Bedürfnissen der Mitarbeiter:innen und den jeweiligen betrieblichen Anforderungen gerecht zu werden.
Quelle: Erfolgsfaktor Familie 2012a

4.2.3 Gleitende Arbeitszeit

Die gleitende Arbeitszeit gehört zu den frühen Instrumenten der Arbeitszeitflexibilisierung, die bereits in den 1960 Jahren in Deutschland eingesetzt wurde (vgl. Thiele, 2009, S. 76). Hierbei können Mitarbeiter:innen individuell den Beginn und das Ende ihrer täglichen Arbeitszeit innerhalb einer festgelegten Gleitzeit selbst bestimmen. Mittlerweile existieren verschiedene Modelle zur gleitenden Arbeitszeit.

Die Grundstruktur des Instruments der gleitenden Arbeitszeit umfasst folgende Bestandteile: Meist besteht eine Kernarbeitszeit (z. B. 9:00 Uhr bis 15:00 Uhr), in der der bzw. die Mitarbeitende am Arbeitsplatz anwesend sein muss. Zusätzlich determiniert die Personalmindestbesetzungsstärke sowie ggf. vorgegebenen tägliche Arbeitszeiten (z. B. 6h) die individuelle Gestaltung der eigenen täglichen Arbeitszeit (vgl. Jung 2008, S. 229). Unter diesen Vorgaben kann der bzw. die Mitarbeitende Beginn und Ende der täglichen Arbeitszeit jedoch selbst bestimmen. Je nach festgesetzter Rahmenarbeitszeit (z. B. 40h pro Woche) werden die tatsächlich geleisteten Überstunden oder Minusstunden, die sich aus der täglich individuell realisierten Arbeitszeit des bzw. der Mitarbeitenden im Abgleich mit der vertraglich vereinbarten Arbeitszeit ergeben, dokumentiert und je nach vereinbarter Abrechnungsperiode wöchentlich, monatlich oder jährlich ausgeglichen (vgl. Stopp/Kirschten 2012, S. 179). Besteht ein hoher Arbeitsanfall im Unternehmen, können dadurch entstandene Überstunden in Zeiten mit geringerem Arbeitsanfall durch Freizeit, Urlaub oder Vergütung wieder abgebaut werden. Diese Flexibilität kommt sowohl dem Unternehmen zugute, weil so zeitlich begrenzte hohe Arbeitsvolumina durch entsprechenden Überstundenaufbau flexibel abgearbeitet werden können und andererseits die Mitarbeitenden die Möglichkeit haben, ihr tägliches Arbeitspensum an weitere Verpflichtungen oder Wünsche anderer Lebensbereiche flexibel anzupassen.

Als grundlegende Modelle lassen sich die einfache Gleitzeit, die qualifizierte Gleitzeit und die Gleitzeit mit Funktionszeiten unterschieden (vgl. z. B. Hellert 2014, S. 86 ff.).

Einfache Gleitzeit

Bei der einfachen (oder auch klassischen) Gleitzeit sind die Rahmenzeiten der täglichen Arbeitszeit (frühester Beginn und spätestes Ende) sowie die Kernarbeitszeit, in denen Anwesenheitspflicht besteht, vom Arbeitgeber vorgegeben. Die Dauer der täglichen Arbeitszeit ist also festgelegt, der bzw. die Mitarbeitende kann aber innerhalb des vorgegebenen Gleitzeitrahmens Beginn und Ende der täglichen Arbeitszeit selbst bestimmen (vgl. Abbildung 7).

Beispiel einer einfachen Gleitzeit

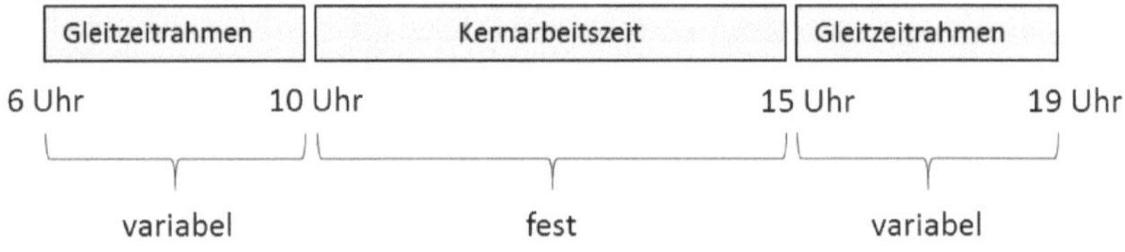

Abbildung 7: Beispiel einer einfachen Gleitzeit

Qualifizierte Gleitzeit

Die qualifizierte Gleitzeit ist eine Weiterentwicklung der recht starren einfachen Gleitzeit. Hierbei wird die Kernarbeitszeit auf ein Minimum festgelegt oder gar nicht vorgegeben. Allerdings wird eine durchschnittliche wöchentliche, monatliche oder jährliche Arbeitszeit festgelegt. So kann der bzw. die Mitarbeitende nicht nur Beginn und Ende der täglichen Arbeitszeit selbst bestimmen, sondern auch die Anzahl der täglichen Arbeitsstunden und die Verteilung der Arbeitszeiten auf die Wochenarbeitstage (vgl. Abbildung 8). Entstehende Zeitguthaben oder Zeitschulden werden auf einem Arbeitszeitkonto erfasst (vgl. Hellert 2014, S. 86).

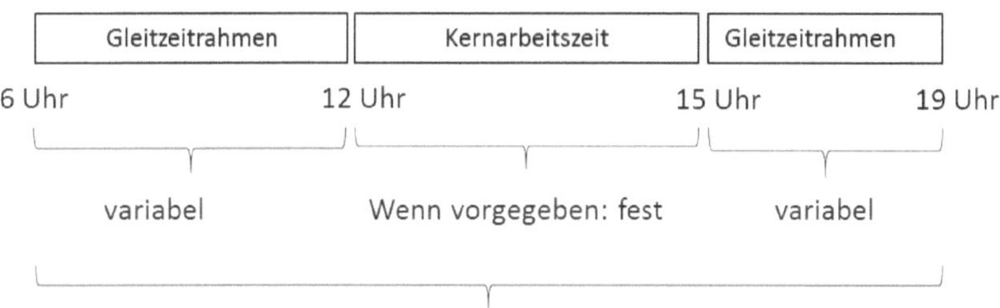

Abbildung 8: Beispiel einer qualifizierten Gleitzeit

Gleitzeit mit Funktionszeiten

Auch bei der Gleitzeit mit Funktionszeiten wird keine Kernarbeitszeit vorgegeben. Allerdings werden betriebliche Funktionszeiten vorgegeben, in denen bestimmte Unternehmensbereiche besetzt und damit funktionsfähig gehalten werden müssen, z. B. im Bereich der Produktion oder als Öffnungszeiten für Kund:innen (z. B. 6:00 Uhr bis 19:00 Uhr). Die Mitarbeitenden können hier unter Berücksichtigung der vorgegebenen Funktionszeiten in Absprache mit ihren Kolleg:innen die Lage, Dauer und Verteilung ihrer Arbeitszeit individuell bestimmen (vgl. Abbildung 9). Auch hier werden Zeitguthaben oder Zeitschulden auf einem Arbeitszeitkonto erfasst und verrechnet (vgl. Hellert 2014, S. 87).

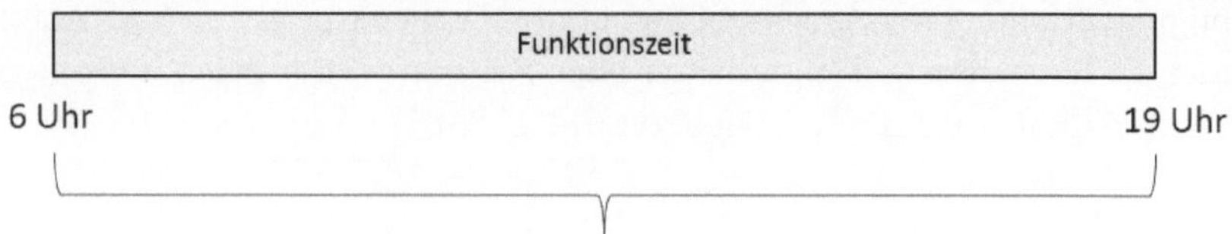

Abbildung 9: Beispiel für Funktionsgleitzeit

Als Variante der Gleitzeit mit Funktionszeiten kann eine erweiterte Funktionsgleitzeit vereinbart werden, bei der zusätzlich Gleitzeitspannen (vom frühesten Arbeitsbeginn bis zum spätesten Arbeitsende) festgelegt werden (vgl. Abbildung 10).

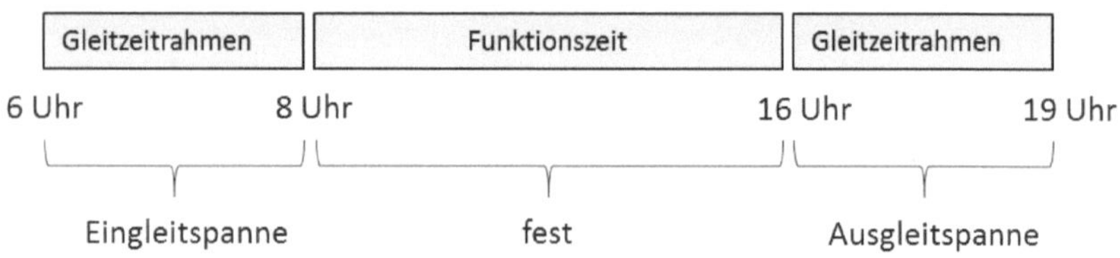

Abbildung 10: Beispiel für erweiterte Funktionsgleitzeit

Besonders gut eignet sich die Gleitzeitarbeit für Unternehmens- oder Organisationsbereiche, in denen keine konkreten Produktions-, Service- oder Kund:innenöffnungszeiten eingehalten werden müssen. Wie die auf dem Arbeitszeitkonto festgehaltenen Zeitguthaben oder Zeitschulden verrechnet werden (z. B. als Freizeitausgleich, Urlaub etc.), wird meist in Betriebsvereinbarungen festgelegt. In der Praxis weit verbreitet sind Modelle, bei denen ca. 10 Arbeitsstunden pro Monat angesammelt bzw. weniger gearbeitet werden darf (vgl. Berthel/Becker 2010, S. 52).

Vorteile der gleitenden Arbeitszeit bestehen für den bzw. die Mitarbeitende:n darin, dass er seine bzw. sie ihre tägliche Arbeitszeit individuell und flexibler mit den zeitlichen Anforderungen anderer Lebensbereiche

(z. B. mit Öffnungszeiten für Kinderbetreuung, Schule oder Betreuung pflegebedürftiger Angehöriger und mit sonstigen privaten zeitlichen Verpflichtungen oder Interessen abstimmen kann. Darüber hinaus kann die Arbeitszeit an den eigenen Leistungsrhythmus angepasst werden, was die Arbeitseffizienz erhöht. Auch können zeitlich längere Arbeitswege zum oder vom Arbeitsplatz z. B. aufgrund von Berufsverkehr und Staus durch die Flexibilität des Arbeitsbeginns und -endes vermieden bzw. reduziert werden.

Für den Arbeitgeber ist die Einrichtung von Arbeitsplätzen mit gleitender Arbeitszeit mit folgenden Auswirkungen verbunden:

Die Arbeitszeit kann besser an schwankende Arbeitsanfälle (z. B. aufgrund von unterschiedlichen Auftragseingängen oder Saisonprodukten) angepasst werden. In Absprache mit den Mitarbeitenden lassen sich längere Öffnungs- oder Servicezeiten des Unternehmens realisieren, wodurch die Dienstleistungsorientierung des Unternehmens gesteigert wird. Auch können Kurzfehlzeiten (aufgrund von Arztbesuchen oder Behördengängen) durch die höheren zeitlichen Gestaltungsspielräume der Mitarbeiter:innen reduziert werden. Gleitzeitregelungen erfordern zwar einen zusätzlichen Planungs- und Organisationsaufwand sowie auch zusätzliche Kosten für die Einführung und den Betrieb der Gleitzeit, steigern jedoch erheblich die Motivation und Arbeitszufriedenheit der Mitarbeitenden aufgrund erhöhter eigener Gestaltungsspielräume. Der Gefahr eines bewussten Zeitdenkens und Ansparens an Guthabenstunden (für freie Tage) kann durch entsprechende Regelungen bzw. Vorgaben begegnet werden (vgl. Klimpel/Schütte, 206, S. 55).

Praxisbeispiel: Globus SB-Warenhaus Holding GmbH & Co. KG
„Beim Globus SB-Warenhaus sind familienfreundliche Arbeitszeiten problemlos möglich. Eine Software hilft dabei, die individuellen Arbeitszeitwünsche der Beschäftigten aufeinander abzustimmen." (Globus SB-Warenhaus Holding GmbH & Co. KG).
Unternehmen: Globus SB-Warenhaus Holding GmbH & Co. KG
Ort: St. Wendel, Bundesland: Saarland
Branche: Handel, Instandhaltung und Reparatur von Kraftfahrzeugen und Gebrauchsgütern
Mitarbeiter:innenzahl: 14.958
„Auf Knopfdruck werden bei Globus Arbeitszeitwünsche erfüllt"
Eine familienfreundliche Gestaltung der Arbeitszeiten ist für den Einzelhandel aufgrund der langen Öffnungszeiten sehr schwierig. Umso

bemerkenswerter sind die Angebote, die Globus seinen Mitarbeiter:innen unterbreitet. Je nach individuellem Wunsch können die Mitarbeiter:innen zwischen 15 Stunden und 37,7 Stunden pro Woche arbeiten. Zusätzlich ermöglicht ein eigenes Computerprogramm eine differenzierte Arbeitszeit- und Einsatzplanung, die auch eine Abstimmung mit den Zeit-, Schul- und Arbeitsplänen anderer Familienangehöriger erlaubt. Die Software berücksichtigt individuelle Arbeitszeitwünsche und ermöglicht einen recht großen zeitlichen Planungsvorlauf, d. h. die Mitarbeiter:innen werden frühzeitig über ihre Einsatzpläne informiert. Zusätzlich bietet das Computersystem eine „Gerechtigkeitsoption", die eine gleichmäßige Verteilung der besonders beliebten bzw. unbeliebten Arbeitszeiten unter den Mitarbeiter:innen sicherstellt.

Im Bereich der Vereinbarkeit des Berufs mit Pflegeaufgaben stellt Globus seinen Mitarbeiter:innen umfangeiche Informationen, Publikationen, Beratungsadressen und bei Bedarf auch Pflegeinstitutionen zum Thema zur Verfügung. Weiter berichtet Globus in seiner Mitarbeiter:innenzeitschrift über Beispiele von Mitarbeiter:innen, denen die Vereinbarkeit von Beruf und Pflege gut gelungen ist.

Quelle: vgl. www.erfolgsfaktor-familie.de/default.asp?id=368&;d=10, Abruf: 30.11.2012

4.2.4 Kapazitätsorientierte Arbeitszeit

Die kapazitätsorientierte Arbeitszeit (Kapovaz) ist eine flexible Arbeitszeit auf Abruf je nach Arbeitsanfall (vgl. Hamm 2001, S. 152 ff.). Hierbei bestimmt der Arbeitgeber, wann der bzw. die Mitarbeitende die monatlich oder jährlich vereinbarte Arbeitsleistung zu erbringen hat (§ 12 TzBfG). Um eine gewisse Planbarkeit für den bzw. die Mitarbeitende:n zu gewährleisten, muss der Abruf des Mitarbeiters oder der Mitarbeiterin mindestens vier Tage im Voraus erfolgen, ansonsten besteht keine Arbeitspflicht (§ 12 TzBfGII; § BeschFG). Sofern keine besonderen Vereinbarungen über die tägliche Dauer der Arbeitszeit bestehen, muss die Dauer pro Abruf mindestens drei Stunden betragen (vgl. Hamm 2001, S. 153). Um dem bzw. der Mitarbeitenden trotz der hohen Variabilität der Arbeitszeit ein kalkulierbares Einkommen zu ermöglichen, muss sich die Entgeltgestaltung an einer regelmäßigen wöchentlichen Arbeitszeit orientierten (vgl. Hamm 2001, S. 153; Klimpel/Schütte 2006, S. 66).

Für den Arbeitgeber ist die flexible Arbeitszeit auf Abruf insbesondere bei schwankenden konjunkturellen oder saisonalen Auftragslagen sowie bei umfangreicherer Projektarbeit vorteilhaft. So wird die Kapovaz häufig eingesetzt im Hotel- und Gaststättengewerbe, im Einzelhandel, in der Bauindustrie oder in der Landwirtschaft. Auch lassen sich hierbei Überstundenzuschläge einsparen (vgl. Klimpel/Schütte 2006, S. 66).

Für die Mitarbeitenden bedeutet die Kapovaz eine große Abhängigkeit vom Arbeitgeber, der über den Abruf der Dauer und Lage der Arbeitszeiten entscheidet. Die von der oder dem Mitarbeitenden geforderte hohe Flexibilität hinsichtlich der Arbeitszeiten lässt sich häufig schlecht mit der Erfüllung anderer Anforderungen des Privatlebens (wie z. B. Kinderbetreuung etc.) vereinbaren und erlaubt oft auch nur eine sehr eingeschränkte Planbarkeit des Privatlebens.

4.2.5 Vertrauensarbeitszeit

Bei der Vertrauensarbeitszeit ist die Dauer der Arbeitszeit (inkl. täglichen Höchstarbeitszeiten, Pausen und Ruhezeiten) vertraglich festgelegt, die Lage und Verteilung der Arbeitszeit sind nicht fest vorgegeben (vgl. Hoff 2002, S. 15). Im Vordergrund steht das Arbeitsergebnis des bzw. der Mitarbeitenden, das z. B. über Zielvereinbarungen festgelegt wird, und nicht die Anzahl der geleisteten Arbeitsstunden, wie bei anderen (starren) Arbeitszeitmodellen. Dahinter steht die Idee, dass nicht die Ableistung einer bestimmten Anzahl an Arbeitsstunden wichtig ist, sondern die effiziente und termingerechte Aufgabenerfüllung (vgl. Neuwald/Thomas 2005, S. 211 ff.). Statt Kontrolle wird hier auf Vertrauen gesetzt (vgl. Klimpel/Schütte 2006, S. 67). Allerdings schreibt das Arbeitszeitgesetz mittlerweile vor, dass Arbeitgeber alle Arbeitszeiten erfassen müssen, also auch bei einer Vertrauensarbeitszeit.

So besteht die Besonderheit der Vertrauensarbeitszeit in der Eigenverantwortlichkeit des bzw. der Mitarbeitenden für seinen bzw. ihren Arbeitszeitausgleich sowie für die Arbeitsleistungen und Arbeitsergebnisse. Voraussetzungen für eine Vertrauensarbeitszeit sind jedoch entsprechende personelle Strukturen und geeignete Aufgabenbereiche, die zeitliche Freiräume ermöglichen, das Vorhandensein einer Vertrauenskultur im Unternehmen sowie die Bereitschaft des oder der Mitarbeitenden, für die Erfüllung der Arbeitsaufgaben selbst die Verantwortung zu übernehmen (vgl. Klimpel/Schütte 2006, S. 67; Stopp/Kirschten 2012, S. 181).

Für die Mitarbeitenden bietet die Vertrauensarbeitszeit sehr große Gestaltungsspielräume im Hinblick auf die Erbringung der vertraglich festgelegten Arbeitszeiten und -aufgaben und ermöglicht so eine hohe Flexibilität und Vereinbarkeit der Arbeit mit anderen Lebensbereichen sowie eine oft nötige flexible Anpassung der Arbeitszeiten an die Anforderungen anderer Lebensbereiche. Auch ist die Vertrauensarbeitszeit für viele Mitarbeitende ein sehr attraktives Arbeitszeitmodell, das die Mitarbeiterbindung stärkt.

Die Unternehmen gewinnen durch die Vertrauensarbeitszeit i. d. R. hoch motivierte Mitarbeiter:innen, die sich mit ihrer Arbeit identifizieren und stark leistungsbereit sind. Zusätzlich können die Kosten der wegfallenden Arbeitszeitkontrolle eingespart werden.

Kritikwürdig ist die Vertrauensarbeitszeit insofern, als ein hohes Arbeitsaufkommen, hoher Leistungsdruck oder auch die eigene Karriereorientierung häufig dazu führen, dass Mitarbeiter:innen freiwillig mehr arbeiten, als vertraglich vereinbart ist und ihnen guttut. Hierdurch erhöht sich die Gefahr einer dauerhaften Überlastung der Mitarbeiter:innen mit gesundheitlichen und leistungsmindernden Auswirkungen. So sind bei der Vertrauensarbeitszeit insbesondere die Führungskräfte gefordert, ihre Mitarbeitenden vor einer längerfristigen Arbeitsüberlastung zu schützen und ausreichende Personalkapazitäten sicherzustellen (vgl. Klimpel/Schütte 2006, S. 68).

4.2.6 Arbeitszeitkonten

Im Rahmen der Arbeitszeitflexibilisierung bilden Arbeitszeitkonten ein zentrales Steuerungsinstrument. Sie dienen der Erfassung der Arbeitszeit, indem sie die Abweichungen zwischen der vertraglich vereinbarten und der tatsächlich geleisteten Arbeitszeit für einen bestimmten Abrechnungszeitraum dokumentieren und entsprechend Arbeitszeitguthaben oder Arbeitszeitschulden ausweisen. Darüber hinaus spiegeln die Arbeitszeitkonten das individuelle Arbeitszeitverhalten sowie die Auslastung der Beschäftigten. Arbeitszeitkonten sind die Grundvoraussetzung, um flexible Arbeitszeitmodelle (wie z. B. Gleitzeitmodelle, Sabbatical) umsetzen zu können, da erst sie eine flexible Gestaltung der Arbeitszeit ermöglichen.

In der Praxis existieren unterschiedlich Modelle von Arbeitszeitkonten. Je nachdem, ob der Ausgleich der Zeitsalden monatlich, jährlich oder auf die Lebensarbeitszeit bezogen erfolgt, lassen sich Kurzzeitarbeitszeitkonten, Jahresarbeitszeitkonten und Langzeitarbeitszeitkonten unterscheiden. Bei Kurzzeitarbeitszeitkonten werden die Arbeitszeitsalden monatlich oder jährlich ausgeglichen. Ein monatlicher oder unterjähriger Ausgleich der Arbeitszeitsalden eignet sich gut für die Gleitzeit, wohingegen ein jährlicher Ausgleich der tatsächlich geleisteten mit der vertraglich vereinbarten Arbeitszeit häufig bei Teilzeitbeschäftigungen erfolgt (vgl. Thiele 2009, S. 77).

Bei Jahresarbeitszeitkonten wird eine bestimmte Arbeitszeit pro Jahr vereinbart, wobei sich die konkreten Arbeitszeiten an dem Arbeitsanfall des Unternehmens aber auch an den Bedürfnissen des oder der Mitarbeitenden orientieren (vgl. Fauth-Herkner 2001, S. 7). Dies ermöglicht den Mitarbeitenden eine große Flexibilität sowie einen hohen Gestaltungsspielraum bei der Festlegung ihrer Arbeitszeiten und damit auch einen erheblichen Handlungsspielraum zur Vereinbarkeit der Berufstätigkeit mit Anforderungen anderer Lebensbereiche. So können z. B. Beschäftigte mit schulpflichtigen Kindern während der Schulferien weniger oder gar nicht arbeiten und dafür außerhalb der Schulferien z. B. Vollzeit arbeiten (vgl. Thiele 2009, S. 77).

Auf Langzeitkonten oder Lebensarbeitszeitkonten können Mitarbeiter:innen Arbeitszeitguthaben langfristig ansparen. Zusätzlich zu einem Kurzzeitkonto oder Jahresarbeitszeitkonto wird hier ein Langzeitkonto eingerichtet, auf dem eine zusätzlich vereinbarte Stundenanzahl gutgeschrieben wird, die ein:e Mitarbeitende:r als Arbeitszeitguthaben erarbeitet und nicht über Freizeit ausgleicht. So können schwankende Arbeitsanfälle im Unternehmen berücksichtigt und abgearbeitet werden, die über die vereinbarte Jahresarbeitszeit hinausgehen, gleichzeitig ermöglichen Langzeitkonten bzw. Lebensarbeitszeitkonten den Mitarbeitenden eine flexible Anpassung ihrer Arbeitszeit in unterschiedlichen Lebensphasen.

So können Mitarbeiter:innen beispielsweise in frühen Karrierephasen, in denen sie viel arbeiten, deutliche Arbeitszeitguthaben auf ihren Langzeitkonten ansparen, die in späteren Lebens- und Karrierephasen, z. B. nach einer Familiengründung für die Betreuung der Kinder, eine Weiterbildung oder in späteren Lebensphasen für ein Sabbatical, die Betreuung pflegebedürftiger Angehöriger oder am Ende des Berufslebens für einen gleitenden Übergang in den Ruhestand bei gleichbleibendem Gehalt genutzt werden können (vgl. Thiele 2009, S. 77; Nicolai 2006, S. 168 f.; Fauth-Herkner 2001, S. 8).

4.2.7 Sabbatical

Begrifflich stammt Sabbatical aus dem Alten Testament und steht für das siebente Jahr im Ackerbau, in dem der Acker nicht bewirtschaftet wird, damit sich der Boden erholen und regenerieren kann, um später wieder eine gute Ernte zu erbringen (vgl. Klimpel/Schütte 2006, S. 58; Necati 2004, S. 1).

Das Personalmanagement hat den Begriff Sabbatical für ein Arbeitszeitmodell übernommen, das einem oder einer Mitarbeitenden ermöglicht, für einen längeren Zeitraum als den „normalen" Urlaub die berufliche Tätigkeit bzw. ein bestehendes Beschäftigungsverhältnis ruhen zu lassen und sich eine berufliche Auszeit zu gönnen, um anschließend erholt, motiviert und leistungsbereit die eigene Berufstätigkeit wieder aufzunehmen. Während dieses Langzeiturlaubs, der einige Monate bis zu einem Jahr dauern kann, bleibt das Arbeitsverhältnis bestehen, sodass der oder die Mitarbeitende nach dem Sabbatical wieder die eigene Tätigkeit im Unternehmen aufnehmen kann. Wofür der oder die Mitarbeitende die berufliche Auszeit nutzt, kann selbst bestimmt werden. Mögliche Motive für ein Sabbatical sind z. B. die Erfüllung privater Wünsche (z. B. eine Weltreise unternehmen, Zeit für die Familie haben), sich weiterzubilden (z. B. durch ein Studium), in Zeiten der Familiengründung mehr Zeit für eigene Familie und die Kinder zu haben, eine ehrenamtliche Tätigkeit für mehrere Monate auszuüben, die Betreuung pflegebedürftiger Angehöriger zu übernehmen oder einfach eine Auszeit von der Berufstätigkeit zu nehmen. Häufig wünschen sich Mitarbeiter:innen ein Sabbatical, um sich von einer physisch und psychisch anstrengenden Berufstätigkeit zu erholen oder auch um dem „Arbeitstrott" für eine Weile zu entfliehen. Ziel dieses Langzeiturlaubs ist es, dass sich der Mitarbeitende von seiner beruflichen Beanspruchung erholen kann und nach einigen Monaten wieder regeneriert, motiviert und leistungsbereit in seine Berufstätigkeit zurückkehrt.

Ein Sabbatical bedarf einer längerfristigen Anmeldung bei und Vorbereitung durch den Arbeitgeber, der ja für die Dauer des Langzeiturlaubs eine Vertretung für die Erfüllung der Arbeitsaufgaben planen und beschaffen muss. Für die konkrete Ausgestaltung eines Sabbaticals gibt es verschiedene Modelle bzw. Möglichkeiten, aber auch Restriktionen z. B. im Hinblick auf die Betriebszugehörigkeit, die Unternehmensgröße aber auch die Unternehmenskultur (vgl. Klimpel/Schütte 2006, S. 59). Grundsätzlich lassen sich zwei Varianten zum Ansparen der Arbeitszeit für ein Sabbatical unterscheiden: Entweder sammelt der oder die Mitarbeitende auf einem Arbeitszeitkonto über mehrere Jahre Guthabenstunden durch Mehrarbeit im Vergleich zu seiner vertraglich vereinbarten Arbeitszeit, was eine Gehaltsfortzahlung während des Sabbaticals ermöglicht (vgl. Marsula 2004, S. 1 in Klimpel/Schütte 2006). Oder der bzw. die Mitarbeitende arbeitet über einen längeren Zeitraum Vollzeit, bekommt aber nur einen Teil (z. B. 50 % oder 75 % des Vollzeitentgelts) seines Entgelts ausgezahlt, wobei der nicht ausgezahlte Teil des Entgelts auf einem Arbeitszeitkonto bzw. Gehaltskonto angespart wird und während des späteren Sabbaticals ausgezahlt wird (vgl. Prognos 2005, S. 13 in Klimpel/Schütte 2006). Als dritte Möglichkeit kann auf das Ansparen von Entgeltguthaben gänzlich verzichtet werden, wobei der oder die Mitarbeitende dann auch während seines Sabbaticals kein Gehalt bezieht und sich anderweitig finanzieren muss.

Für die Mitarbeitenden ist ein Sabbatical vorteilhaft, weil es eine – sonst kaum oder gar nicht realisierbare – mehrmonatige berufliche Auszeit ermöglicht, um sich von beruflichen Belastungen zu erholen und sich andere private Wünsche oder Anforderungen erfüllen zu können. Da das Beschäftigungsverhältnis bestehen bleibt, kann der oder die Mitarbeitende nach dem Langzeiturlaub erholt, motiviert und leistungsbereit wieder in seine Berufstätigkeit zurückkehren („Auszeit mit Zurück-Garantie" vgl. Peplinski 2007, S. 250). Die unterschiedlichen Ansparmodelle ermöglichen dabei die Finanzierung bzw. Existenzsicherung des oder der Mitarbeitenden während der Auszeit. Damit bietet ein Sabbatical eine zwar längerfristig zu planende, aber auch mehrmonatige berufliche Auszeit, um sich anderen Lebensbereichen stärker widmen zu können und damit einen längerfristigen Ausgleich zur anstrengenden Berufstätigkeit zu haben.

Die Unternehmen müssen Sabbatical-Wünsche ihrer Mitarbeiter:innen zwar längerfristig planen und Vertretungen organisieren, sie beugen damit aber möglichen beruflichen Überlastungen mit psychischen und physischen Erkrankungen vor, fördern die Motivation und Bindung der Mitarbeiter:innen, gewinnen nach dem Sabbatical wieder hoch motivierte und leistungsstarke Mitarbeiter:innen und ggf. sogar weiterqualifizierte Mitarbeiter:innen zurück (vgl. Jäger 2006, S. 58). Auch das Arbeitgeberimage gewinnt durch derartige Angebote für potenzielle Mitarbeiter:innen.

Die folgenden Tabellen 9 bis 11 geben einen Überblick über die Vor- und Nachteile der Arbeitszeitmodelle aus der Sicht der Mitarbeiter:innen, der Unternehmen und der Gesellschaft.

Vor- und Nachteile der Arbeitszeitmodelle für die Mitarbeitenden	
Vorteile	**Nachteile**
• Höhere Zeitsouveränität • Höhere Flexibilität bei der Erfüllung beruflicher und privater Anforderungen • Bessere Vereinbarkeit des Berufslebens mit anderen Lebensbereichen (Betreuung von Kindern, pflegebedürftigen Angehörigen, privaten Aktivitäten) • Höherer Handlungsspielraum bei der Erfüllung beruflicher Arbeitsleistungen und Abstimmung mit privaten Anforderungen • Zeitersparnis bei Anfahrtszeiten zur Arbeit durch Vermeidung von Berufsverkehr • Vermeidung von Stress durch festen Arbeitsbeginn (bzw. zu spät kommen) • Bessere Abstimmung der Arbeitszeiten an persönlichen Biorhythmus (z.B. Tages-, Wochenarbeitszeit) • Möglichkeit längerer beruflicher Auszeiten (insb. Bei Sabbatical) • Förderung von Weiterbildung • Bessere Anpassung der Arbeitszeiten an den Arbeitsanfall • Keine unbezahlten Überstunden durch ggf. Zeiterfassung und flexiblen Ausgleich an den Arbeitsanfall • Bessere Anpassung der Arbeitszeiten und des Arbeitsumfangs an die Lebenssituation (Lebensphasenorientierung) • Verringerung des organisatorischen Aufwandes zur Abstimmung der verschiedenen Lebenswelten • Höhere Motivation und Arbeitszufriedenheit • Höheres Maß an Selbstbestimmung • Senkung beruflicher Belastungen (physisch + psychisch) durch stärker selbstbestimmte Verteilung der Aufgabenerfüllung • Aufgabenverteilung	• „Spill over“ durch steigende Entgrenzung von Arbeitszeit und Privatleben • Zwang zur Selbstorganisation • Höhere Eigenverantwortlichkeit der Erbringung der Arbeitsleistung • Ggf. Wegfall von Überstundenzuschlägen • Ggf. geringere soziale Kontakte zu Arbeitskollegen; Gefahr der sozialen Isolation • Arbeitsverdichtung und Zunahme physischer und psychischer Belastungen • Ggf. ausgedehntere Bereitschaftszeiten • Ggf. eingeschränkte Selbstbestimmung der Arbeitszeiten (z.B. bei Arbeit auf Abruf) • Ggf. Entwertung der Freizeit durch Arbeitsbereitschaft • Ggf. Konflikte bei Absprache von Arbeitszeiten mit Kollegen (bei Arbeitszeitmodellen, an denen mehrere Mitarbeiter beteiligt sind) • Tendenz zu Mehrarbeit durch Eigenverantwortlichkeit

Tabelle 9: Vor- und Nachteile der Arbeitszeitmodelle für die Mitarbeitenden. Quelle: vgl. Berthel/Becker 2010, S. 522 mit eigenen Ergänzungen

Vor- und Nachteile der Arbeitszeitmodelle für die Unternehmen	
Vorteile	**Nachteile**
• Höhere Motivation und Arbeitszufriedenheit der Mitarbeiter • Größere Leistungsbereitschaft durch mehr Selbstbestimmung und Gestaltungsfreiheit • Sinkende Fehlzeiten • Geringere Verspätungen • Höhere Qualität der Arbeitsleistungen • Entwicklung einer höheren Selbstverantwortung für die Arbeitsleistungen und -ergebnisse • Besseres Arbeitsklima durch höhere Arbeitszufriedenheit • Förderung von Teamarbeit • Bessere Kapazitätsauslastung und dadurch geringere Produktionskosten • Bessere Kapitalnutzung • Leichtere Anpassung an neue Produktions- und Dienstleistungskonzepte • Verlängerung von Betriebszeiten möglich, dadurch größere Dienstleistungsorientierung • Sicherung des Betriebsablaufs • Weniger Überstundenzuschläge • Geringere Fluktuation • Steigende Attraktivität als Arbeitgeber • Geringerer Bedarf an Zeitarbeitskräften aufgrund der flexiblen Arbeitszeitmodelle • stärkere Bindung der Mitarbeitenden an ihren Arbeitgeber aufgrund attraktiver Arbeitszeitmodelle	• Kosten für Einführung von Arbeitszeitmodellen • Zusätzlicher Verwaltungsaufwand (bei Personalmanagement und in der Linie) • Kosten der Zeiterfassung • Ggf. höhere Personalzusatzkosten • Weiterbildungsaufwand für Führungskräfte • Ggf. Wegfall bisher unentgeltlich geleisteter Mehrarbeit • Risiko des Missbrauchs • Ggf. Konfliktpotenziale um Arbeitszeiten

Tabelle 10: Vor- und Nachteile der Arbeitszeitmodelle für die Unternehmen.
Quelle: vgl. Berthel/Becker 2010, S. 522 mit eigenen Ergänzungen

Vorteile der Arbeitszeitmodelle für die Gesellschaft
Vorteile
• Humanisierung der Arbeit • Entwicklung neuer flexiblerer und individualisierter Arbeits(zeit)modelle zur besseren Vereinbarkeit von Beruf und Privatleben und stärkeren Berücksichtigung verschiedener Lebensphasen • Abbau von Arbeitslosigkeit • Flexibilisierung des Eintritts in das Berufsleben sowie des Austritts aus dem Berufsleben • Steigerung der gesellschaftlichen Entwicklung

Tabelle 11: Vorteile der Arbeitszeitmodelle für die Gesellschaft.
Quelle: vgl. Berthel/Becker 2010, S. 522 mit eigenen Ergänzungen

5 Maßnahmen zur Unterstützung von Familien

Um Mitarbeiter:innen und Führungskräfte mit Familien in ihrer Berufstätigkeit und bei der Vereinbarung von Arbeits-, Familien- und Privatleben zu unterstützen sowie auch stärker an das eigene Unternehmen zu binden, eignen sich insbesondere die folgenden Maßnahmen (vgl. u. a. BMFSFJ 2024: Familie und Arbeitswelt. In: www.bmfsfj.de/bmfsfj/themen/familie/familie-und-arbeitswelt. Abruf: 31.05.2024).

5.1 Kontakthalte- und Wiedereinstiegsprogramme während und nach der Elternzeit

Bekommen Mitarbeitende Kinder, so haben die Eltern Anspruch auf Elternzeit und seit 2007 auch auf Elterngeld. Mit Elternzeit wird der Zeitraum auf unbezahlte Freistellung von der Arbeit nach der Geburt eines Kindes bezeichnet. Eltern können bis zur Vollendung des dritten Lebensjahres ihres Kindes Elternzeit in Anspruch nehmen. Dabei besteht die Möglichkeit, bis zu 12 Monate der Elternzeit auch noch zwischen dem dritten und achten Geburtstag des Kindes in Anspruch zu nehmen. Die Elternzeit kann entweder nur von einem Elternteil in Anspruch genommen werden, oder zwischen den Elternteilen aufgeteilt werden (vgl. Destatis Elternzeit 2020).

Das Elterngeld ersetzt bis zu 67 % des Nettoeinkommens und kann seit dem Jahr 2015 in den ersten 14 Lebensmonaten des Kindes in Anspruch genommen werden, anstatt bis dahin nur für die ersten 12 Lebensmonate des Kindes. Dies ermöglicht es den Müttern und Vätern, sich in den ersten 14 Lebensmonaten des Kindes um das Kind zu kümmern und ihre Erwerbstätigkeit zu unterbrechen. (vgl. BMFSFJ 2020).

Mit der Einführung des Elterngeldes Plus im Jahr 2015 hat das Bundesministerium für Familie, Senioren, Frauen und Jugend (BMFSFJ) die Anreize für Väter zur Inanspruchnahme der Elternzeit erhöht. So erhalten Eltern nicht nur für 12 Monate, sondern für 14 Monate das Elterngeld, wenn sich beide Elternteile mindestens zwei Monate lang gemeinsam um die Betreuung ihres Kindes kümmern (sog. Partnermonate) (vgl. BMFSFJ 04.06.2014). Das hat dazu geführt, dass mehr Väter parallel zur Erziehungszeit der Mutter ebenfalls zwei Monate Erziehungszeit genommen haben (vgl. Abbildung 11). Eine längerfristige Erziehungszeit (über diese zwei Monate hinaus) der Väter ist jedoch immer noch die Ausnahme, wie die folgenden Daten zeigen. So haben nach Berechnungen des Statistischen Bundesamtes im Jahr 2019 die Väter durchschnittlich nur 3,1 Monate Elternzeit genommen, während die Frauen durchschnittlich 11,6 Monate in Elternzeit waren (vgl. Statista 2020b).

Durchschnittlicher Bezug von Elterngeld in Deutschland nach Geschlecht im Jahr 2019

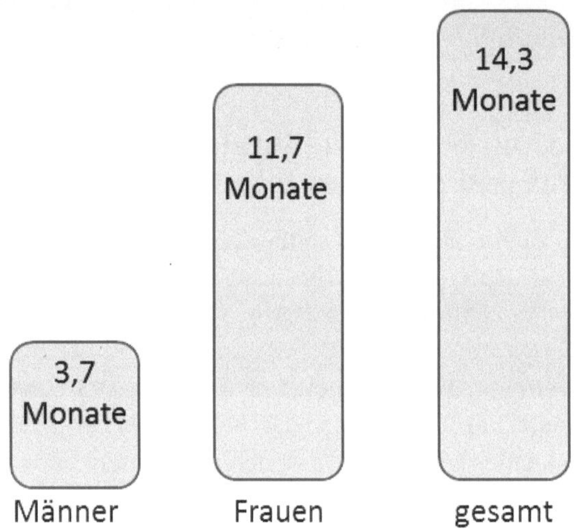

Quelle: Statista (2020b): Bezug von Elterngeld: https://de.statista.com/statistik/daten/studie/310248/umfrage/elterngeld-bezugsdauer-nach-geschlecht-der-eltern-und-erwerbsstatus-vor-der-geburt/#:~:text=Die%20Statistik%20zeigt%20die%20durchschnittliche%20%28voraussichtliche%29%20Bezugsdauer%20von,Monate.%20Das%20Elterngeld%20wurde%20in%20Deutschland%20zum%2001. Abruf: 0.10.2020

Abbildung 11: Durchschnittlicher Bezug von Elterngeld in Deutschland nach Geschlecht im Jahr 2019.
Quelle: Statista (2020b).

Auch die Elternzeitquote, d. h. der Anteil der Mütter und Väter, die sich in der Elternzeit befinden, gemessen an allen Eltern, die in einem Arbeitsverhältnis stehen, spiegelt die immer noch sehr ungleiche Verteilung der Kinderbetreuung zwischen den Eltern in den ersten Lebensjahren des Kindes. Wie die Abbildung 12 zeigt, lag die Elternzeitquote der Mütter, die Kinder unter drei

Jahren in Elternzeit betreut haben, bei 42,2 %. Demgegenüber haben nur 2,6% der Väter ihre Kinder unter drei Jahren in Elternzeit im Jahr 2019 betreut. Bei den Kindern unter sechs Jahren liegt die Elternzeitquote der Mütter bei 24,5% und die der Männer nur bei 1,6% im Jahr 2019. Im Vergleich zum Jahr 2009 bedeutet dies bei den Vätern eine 100%ige Steigerung (von 0,9% auf 1,6%) (vgl. Statistisches Bundesamt 2020f: Elternzeit).

Insgesamt ist der Anteil der Väter, die ihre Kinder in den ersten Lebensjahren im Zuge der Elternzeit betreuen, immer noch verschwindend gering. Das bedeutet auch, dass die Mütter bis heute immer noch die Hauptlast der Kinderbetreuung in den ersten Jahren tragen.

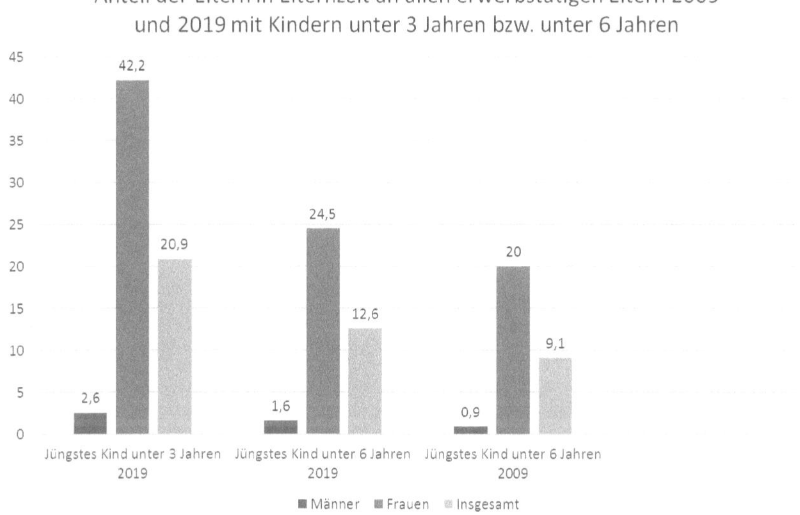

Abbildung 12: Anteil der Eltern in Elternzeit an allen erwerbstätigen Eltern im Jahr 2009 und im Jahr 2019 mit Kindern unter 3 Jahren bzw. unter 6 Jahren.
Quelle: Statistisches Bundesamt 2020 g Elternzeit, Alter der Kinder.

Wesentliche Gründe hierfür sind zum einen die Erwirtschaftung des Familieneinkommens, zu dem die Väter auch heute noch oft den größeren Beitrag leisten. Andererseits besteht vor allem seitens der Arbeitgeber auch heute noch eine sehr geringe Akzeptanz von Vätern in Elternzeit.

Je nach Dauer der Elternzeit und damit einer kinderbedingten beruflichen Auszeit bedeutet dies für die Mitarbeitenden häufig einen Karrierenachteil. Zusätzlich kann auch das berufsbezogene Wissen veralten, da sich berufliche Anforderungen und notwendige Qualifikationen heutzutage recht schnell ändern und der spätere Wiederreinstieg in den Beruf mit erheblichen Schwierigkeiten und zusätzlichen Qualifikationsanforderungen verbunden sein kann. Daher sollten Kontakte zum Betrieb während der Elternzeit sowie der spätere Wiedereinstieg in den Beruf am besten noch vor der Geburt des Kindes systematisch vom Unternehmen und den jeweiligen Mitarbeitenden geplant werden.

Noch vor dem Antritt der Elternzeit sollte ein erstes Planungsgespräch über die gesetzlichen Regelungen und unternehmerischen Angebote der Elternzeit, Kontakt- und Weiterbildungsangebote, Beschäftigungsmöglichkeiten während der Elternzeit sowie Möglichkeiten des Wiedereinstiegs nach der Elternzeit zwischen dem Unternehmen (bzw. dem Personalmanagement) und den jeweiligen Mitarbeitenden geführt werden (vgl. Klimpel/Schütte 2006, S. 102). Diese vielfältigen Angebote sind wichtig, um den späteren Wiedereinstieg zu erleichtern und auch die dafür notwendige Qualifikation des oder der Mitarbeitenden sicherzustellen.

Während der Elternzeit sind Kontakte zwischen dem Arbeitgeber und den Mitarbeitenden außerordentlich wichtig. Sie dienen dazu, die Mitarbeitenden „auf dem Laufenden" zu halten, sie über betriebliche Veränderungen, Neuerungen aber auch über das aktuelle betriebliche Geschehen in ihrem Aufgabenbereich zu informieren (z. B. über die Zusendung eines Newsletters, der Mitarbeiter:innenzeitschrift oder weiterer Unternehmensinformationen). Auch der Kontakt zu den Kolleg:innen ist wichtig und kann z. B. durch Einladungen zu Betriebsfesten, Unternehmensveranstaltungen, Geburtstagsrunden, Unternehmensversammlungen oder regelmäßigen Telefonaten und E-Mails aufrecht gehalten werden. Um die Bindungswirkung dieser Maßnahmen zu den Mitarbeitenden zu erreichen, müssen die Kontakthaltemaßnahmen als Informations- und Kontakt-Angebote verstanden werden und dürfen nicht zu aufdringlich sein.

Weitere Angebote während der Elternzeit sind z. B. Weiterbildungen, die der Aufrechterhaltung und Weiterentwicklung der berufsbezogenen Qualifikation dienen (z. B. Einladung zu Schulungen bei der Einführung neuer Computerprogramme, Arbeitsabläufe, fachliche Aktualisierungen). Denkbar sind auch Angebote von Urlaubs- oder Krankheitsvertretungen sowie kleineren Arbeitsaufträgen, sofern Kinderbetreuungsmöglichkeiten bestehen und der oder die Mitarbeitende in der Elternzeit daran Interesse hat. Dadurch kann die Nähe zur Berufstätigkeit aufrechterhalten werden und die Mitarbeitenden sind zeitnah über aktuelle Entwicklungen des Aufgabengebietes und des Unternehmens informiert, was einen späteren vollständigen Wiedereinstieg in den Beruf deutlich erleichtert.

Vor der Rückkehr an den Arbeitsplatz sollte ein ausführliches Rückkehrgespräch mit den jeweiligen Mitarbeitenden geführt werden. Inhalte dieses Rückkehrgesprächs betreffen die Wünsche und Möglichkeiten der zukünftigen Berufstätigkeit und möglicher beruflicher Entwicklungsperspektiven. Dazu gehören z. B. das Aufgabengebiet, der Umfang der Beschäftigung (Vollzeit, Teilzeit), Vereinbarungen über (variable) Arbeitszeiten und -orte (z. B. Homeoffice) sowie weitere Anforderungen seitens des Arbeitgebers aber auch Beschränkungen seitens der Mitarbeitenden. Wichtig ist hierbei, durch individuell abgestimmte und ggf. flexible Arbeitsbedingungen eine gute Vereinbarkeit der Berufstätigkeit mit der neuen Familiensituation für die Mitarbeitenden zu erreichen, und dadurch ihre Leistungsmotivation zu steigern und sie als loyale Mitarbeitende an das Unternehmen zu binden.

In der Anfangszeit nach der Rückkehr in den Beruf kann das Angebot eines kompetenten Ansprechpartners bzw einer Ansprechpartnerin für berufliche Fragen und zur „neuen Einarbeitung“ für die rückkehrenden Mitarbeitenden wichtig und hilfreich sein, um ggf. Detailfragen zu klären oder sich besser in neue Abläufe einarbeiten zu können. Hilfreich könnte auch die Gewährung einer Einarbeitungszeit sein, in der zunächst (für eine gewisse Übergangszeit) ein reduzierter Aufgabenbereich bearbeitet bzw. noch nicht das volle Leistungsspektrum erbracht werden muss.

Die beiden folgenden Praxisbeispiele bieten einen Eindruck der Umsetzungsmöglichkeiten von Kontakthalteprogrammen für Mitarbeitende in Elternzeit.

Praxisbeispiel: Elternzeitfrühstück der Stadtwerke Heidelberg
„Relativ wenig Aufwand, für große Wirkung“, so das Fazit von Sonja Troch, Leiterin Personalentwicklung bei den Stadtwerken Heidelberg. Um Eltern in Elternzeit das Kontakthalten zum Unternehmen zu erleichtern, laden die Stadtwerke Heidelberg zwei Mal im Jahr Mütter und Väter mit ihren Kindern zum Elternzeitfrühstück ein. Dabei treffen sich Schwangere und ElternzeitlerInnen bei Kaffee und Snacks zum zwanglosen Austausch, und schauen im Anschluss meist auch in „ihren“ Abteilungen vorbei.
„So schlagen wir zwei Fliegen mit einer Klappe. Durch den Austausch der Eltern untereinander wird die Personalabteilung beim Informationsbedarf über Elterngeld, Formalitäten, Fragen zum Wiedereinstieg etc. entlastet.

Und die jungen Eltern bekommen durch den Besuch am alten Arbeitsplatz etwas von der Weiterentwicklung des Bereiches wie auch des Unternehmens mit. Zudem wird eine Unternehmenskultur, die Vereinbarkeit von Beruf und Familie ermöglicht, gefördert. „Im Wettbewerb um Fachkräfte ist dies eine Notwendigkeit“, so die Überzeugung von Sonja Troch. „Indem wir Mütter und Väter mit ihren Kindern heute schon im Unternehmen sichtbar werden lassen, bereiten wir den Boden für eine Kultur, in der der Mensch als Ganzes gesehen wird und sowohl als Arbeitskraft, als auch Privatperson respektiert wird.“
Quelle: Stadtwerke Heidelberg 2020: Elternzeitfrühstück. In: www.familie-heidelberg.de/unternehmen/personalmarketing/kontakthalte-und-wiedereinstiegsprogramme/ Abruf: 04.10.2020.

Ein weiteres Praxisbeispiel ist der Servicebereich des Familienbüros der Technischen Universität Berlin.

Praxisbeispiel der TU Berlin: Servicebereich Familienbüro

Quelle: TU Berlin Servicebereich Familienbüro 2020.

Einen informativen Leitfaden zum Thema „Früher beruflicher Wiedereinstieg von Eltern – Ein Gewinn für Unternehmen und ihre Beschäftigten hat das BMFSFJ herausgegeben (vgl. BMFSFJ 2013: www.bmfsfj.de/blob/93854/aa9b7460a048177b110b5adb176dc839/frueher-beruflicher-wiedereinstieg-von-eltern-data.pdf. Abruf: 04.10.2020).

5.2 Betriebliche Unterstützung bei der Kinderbetreuung

Die Kinderbetreuung während der Arbeitszeit ist für berufstätige Eltern die zentrale Voraussetzung, um überhaupt einen Beruf außerhalb der Familie und der eigenen Wohnung ausüben zu können. Die gesellschaftlichen Familienstrukturen haben sich in den letzten 50 Jahrzehnten in Deutschland deutlich verändert. Größere Familienverbünde, in denen Großeltern, Eltern und Kinder zusammenleben bzw. in räumlicher Nähe leben und sich gegenseitig umfangreich unterstützen können, haben deutlich abgenommen. Geschuldet ist diese Entwicklung der Veränderung von Familienstrukturen hin zu mehr Patchwork-Familien, der Zunahme von Familien mit einem oder zwei Kindern, der steigenden Anzahl Alleinerziehender sowie der eigenständigeren Lebenswünsche und -weisen der verschiedenen Familienmitglieder (größere räumliche und inhaltliche Autonomie der Großeltern), aber auch der veränderten Anforderungen der Berufstätigkeit, die eine steigende Mobilität, häufigere Arbeitsplatzwechsel bei unterschiedlichen Arbeitgebern sowie eine gestiegene zeitliche und dauerhafte Arbeitsbereitschaft fordern. So leben heute Eltern und Großeltern häufig an unterschiedlichen Orten, Großeltern sind häufig noch berufstätig und damit auch nur eingeschränkt für die Kinderbetreuung verfügbar, und nicht selten möchten auch die Großeltern noch ihr eigenes Leben genießen, anstatt sich umfassend bzw. ausschließlich um ihre Enkel:innen zu kümmern.

Auch im Jahr 2024 ist eine flächendeckende Infrastruktur zur Kinderbetreuung und zur Einlösung des rechtlichen Anspruchs auf einen Kindergartenplatz in Deutschland noch nicht vollständig gegeben. Besonders gravierend ist die Betreuungssituation bei Kindern zwischen 0 und 3 Jahren. Aber auch die Betreuungssituation für Kinder im Alter von 3 bis 6 Jahren sowie die Betreuung von Schulkindern nach der Schule (im Hort) ist in vielen Bundesländern und Städten noch verbesserungsfähig.

Ohne ausreichende Kinderbetreuungsmöglichkeiten sind die oft sehr gut ausgebildeten Eltern gezwungen, selbst die Betreuung ihrer Kinder zu übernehmen und können daher nicht oder nur mit einer Teilzeitbeschäftigung in die Berufstätigkeit zurückkehren. Dies bedeutet nicht nur eine gesamtgesellschaftliche Verschwendung von teuer und gut qualifizierten Humanressourcen, sondern stellt auch für die Unternehmen eine zusätzliche Restriktion bei der Beschaffung und Nutzung gut ausgebildeter Fach- und Führungskräfte dar.

Insofern liegt die betriebliche Unterstützung bei der Kinderbetreuung von (berufstätigen) Eltern im Eigeninteresse der Unternehmen, um gut qualifizierte Mitarbeiter:innen zu gewinnen und auch im Unternehmen zu halten. Gleichzeitig ermöglichen bedarfsgerechte und bezahlbare betriebliche Unterstützungen bei der Kinderbetreuung häufig erst die Berufstätigkeit der Eltern und bilden damit eine zentrale Voraussetzung für einen Ausgleich zwischen dem Berufs-, Familien- und Privatleben.

In Anlehnung an Klimpel und Schütte (2006) werden unter der betrieblichen Unterstützung bei der Kinderbetreuung alle sozialpolitischen Maßnahmen verstanden, die eine „außerfamiliäre Betreuung, Bildung und Erziehung von Kindern eigener Betriebsangehöriger initiieren, unterstützen oder organisieren.“ (Klimpel/Schütte 2006, S. 107). Dabei ist das Spektrum konkreter Angebote bzw. Maßnahmen breit. Dazu gehören beispielsweise (vgl. Klimpel/Schütte 2006, S. 107):

- Betriebseigene Kinderbetreuungseinrichtung
- Kinderbetreuungseinrichtungen in Kooperation mit kommunalen oder freien Trägern
- Kinderbetreuung in Kooperation mit mehreren Unternehmen
- Förderung von Elterninitiativen
- Sicherung von Belegplätzen
- Einrichtungen zur Kinderbetreuung in besonderen Situationen

Mit dem Förderprogramm „Betriebliche Kinderbetreuung“ bietet das Netzwerk „Erfolgsfaktor Familie“ Unterstützungen und Hinweise für Unternehmen zur Entwicklung und Umsetzung passender Lösungen zur betrieblichen Kinderbetreuung (vgl. Erfolgsfaktor Familie 2021: Förderprogramm betriebliche Kinderbetreuung).

5.2.1 Betriebseigene Kinderbetreuungseinrichtungen

Zur Betreuung von Kindern der eigenen Mitarbeiter:innen können Unternehmen betriebseigene Kinderbetreuungseinrichtungen finanzieren, organisieren und betreiben. Träger der Kinderbetreuungseinrichtung ist das jeweilige Unternehmen, das auch das pädagogische Fachpersonal einstellt, ggf. fachlich unterstützt durch Jugendämter. Organisatorisch sind betriebliche Kinderbetreuungseinrichtungen häufig dem Personalmanagement zugeordnet. Länderspezifische Vorgaben regeln die Anforderungen, die an die Einrichtung und den Betrieb einer Kinderbetreuungseinrichtung gestellt werden und erteilen die Erlaubnis zum Betrieb einer Kinderbetreuungseinrichtung. (vgl. Klimpel/Schütte 2006, S. 107; BMFSFJ 2004, S. 21).

Wesentliche Vorteile der unternehmenseigenen Einrichtung und Betreibung von Kinderbetreuungseinrichtungen bestehen darin, dass die Öffnungszeiten der Kinderbetreuung auf die spezifischen Arbeitszeiten der Mitarbeiter:innen ausgerichtet werden können (z. B. im Hinblick auf Schichtdienste z. B. in Krankenhäusern oder längere tägliche Öffnungszeiten z. B. von 6:00 Uhr bis 20:00 Uhr), ggf. die betriebseigene Kantine auch die Verpflegung der Kindertagesstätte übernimmt, keine zusätzlichen oder nur geringe tägliche Zeiten und Wege für das Hinbringen und Abholen der Kinder zur bzw. aus der Betreuungseinrichtung anfallen sowie bei Krankheiten oder Problemen die Eltern in der Nähe der Kinder sind. Besonders attraktiv könnte hierbei eine kostenlose oder sehr kostengünstige Übernahme der Kinderbetreuung durch das Unternehmen sein. Hierdurch können Unternehmen eine hohe Bindungswirkung ihrer Mitarbeiter:innen erreichen und gleichzeitig die Vereinbarkeit des Berufslebens mit der Kinderbetreuung gezielt fördern.

Nachteilig für das Unternehmen sind die Kosten der Einrichtung und des Betriebs der Kinderbetreuung zu werten, die jedoch durch die höhere Zufriedenheit und Bindung ihrer Mitarbeiter:innen mehr als ausgeglichen wird, auch wenn sich das nur selten unmittelbar in konkreten Zahlen messen lässt.

Praxisbeispiel Komsa AG: Soziale Verantwortung
„Die KOMSA AG wurde 1992 von Gunnar Grosse und drei Mitstreitern in Hartmannsdorf gegründet und zählt heute zu den größten Familienunternehmen Sachsens. KOMSA ist einer der führenden europäischen Distributoren und Dienstleister für moderne Kommunikationstechnik. Die Unternehmensgruppe erwirtschaftete im Geschäftsjahr 2019/20 mit 1.300 Mitarbeiter:innen einen Umsatz von knapp 1,2 Mrd. Euro."
„KOMSA setzt auf stetige Mitarbeiter:innenförderung und -weiterentwicklung, aktives Mitgestalten sowie eine transparente Unternehmenskultur. Mit der Betriebskindertagesstätte *Weltenbaum* unterstützen wir unsere Mitarbeiter:innen, Familie und Beruf gut miteinander zu vereinbaren. Mit einem Spendenprogramm fördern wir zudem das soziale Engagement unserer Mitarbeiter:innen und stehen darüber hinaus in engen Partnerschaften mit Bildungsträgern.

Zusätzlich profitieren KOMSA-Mitarbeiter:innen von zahlreichen Mitarbeiter:innenleistungen (z. B. Betriebliche Altersvorsorge, flexible Arbeitszeitmodelle, Sport- und Gesundheitsangebote, Sonderkonditionen).
Sozial verantwortlich zu handeln, heißt für uns auch, dass wir kulturelle Vielfalt möglich machen, dass Frauen die gleichen Chancen haben wie Männer und dass wir junge Menschen fördern. Das schreiben wir nicht in einer Quote fest, sondern leben es. In Zahlen ausgedrückt: Bei KOMSA arbeiten 1.300 Mitarbeiter:innen aus 17 Nationen, der Altersdurchschnitt beträgt 38 Jahre. Der Anteil von Frauen liegt bei 48 %. Seit 1995 bildete KOMSA 316 Nachwuchskräfte aus."
Quelle: Komsa AG 2021. In: https://komsa.com/unternehmen/nachhaltigkeit-soziales/. Abruf: 21.01.2021.

5.2.2 Kinderbetreuungseinrichtungen in Kooperation mit kommunalen oder freien Trägern

Können oder wollen Unternehmen nicht eine eigene Kinderbetreuungseinrichtung betreiben, so besteht auch die Möglichkeit, sich an der Einrichtung und dem Betrieb einer in kommunaler oder freier Trägerschaft befindlichen Kinderbetreuungseinrichtung finanziell zu beteiligen (z. B. durch die Beteiligung an den Betriebs- oder Personalkosten oder der Verfügungstellung von Immobilien). Dafür erwerben Unternehmen das Recht auf eine bestimmte Anzahl an Betreuungsplätzen für die Kinder der eigenen Mitarbeiter:innen (vgl. Klimpel/Schütte 2006, S. 108).

5.2.3 Kinderbetreuung in Kooperation mit mehreren Unternehmen

Für kleinere oder mittlere Unternehmen, die nicht die Kosten für die alleinige Einrichtung und den alleinigen Betrieb einer Kinderbetreuungseinrichtung aufbringen können oder die über nicht so viele Mitarbeiter:innen mit Kinderbetreuungsbedarf verfügen, bietet sich auch eine Kooperation mit anderen, z. B. räumlich nahen Unternehmen, zum Betrieb einer Kinderbetreuungseinrichtung an. Gemeinsam können die Unternehmen eine eigene Trägerschaft gründen (z. B. als pädagogischer Verein), die die Kinderbetreuungseinrichtung betreibt. Alle kooperierenden Unternehmen beteiligen sich finanziell oder auch personell an der Einrichtung und dem Betrieb der Kinderbetreuungseinrichtung, wodurch die finanzielle Belastung für das einzelne Unternehmen relativ gering bleibt (vgl. Klimpel/Schütte 2006, S. 108; Janke 2004, S. 122).

5.2.4 Förderung von Elterninitiativen

Kinderbetreuungseinrichtungen können auch auf Initiative von Eltern entstehen, um einen bislang nicht gedeckten Bedarf an Kinderbetreuung auszugleichen. In der Regel wird ein Verein gegründet, der die Trägerschaft der Kinderbetreuungseinrichtung übernimmt und in dem die Eltern Mitglieder sind, deren Kinder hier betreut werden. Unternehmen können sich an solchen Initiativen entweder als Vereinsmitglied oder in Form von finanziellen, personellen oder sachlichen Zuwendungen (z. B. als Spenden) engagieren. Vorteil für die Unternehmen ist hierbei, dass sie selbst keine eigene Einrichtung gründen müssen, keine langfristigen Investitionen tätigen und Verpflichtungen eingehen müssen und kein entsprechendes pädagogisches Personal beschäftigen müssen, sich aber trotzdem an der Verbesserung der Kinderbetreuungssituation für ihre Mitarbeiter:innen (als Mitglieder des Vereins) beteiligen können (vgl. Klimpel/Schütte 2006, S. 108 f.).

5.2.5 Belegplätze

Ist für ein Unternehmen ein hohes Maß an Flexibilität bei der Bereitstellung von Kinderbetreuungsplätzen wichtig, z. B. weil seine Mitarbeiter:innen häufiger Aufgabenbereiche und -orte im In- und Ausland wechseln, so bietet sich die Reservierung einer bestimmten Anzahl von Kinderbetreuungsplätzen (Belegplätze) in bestehenden Kinderbetreuungseinrichtungen an, die von den eigenen Mitarbeiter:innen genutzt werden können. Je nach konkreter Vereinbarung mit dem Träger werden pro Belegplatz Gebühren (Kosten/Kinderbetreuungsplatz) erhoben oder andere finanzielle oder sachliche Gegenleistungen vereinbart (vgl. Klimpel/Schütte 2006, S. 109).

5.2.6 Einrichtungen zur Betreuung in besonderen Situationen

Kinder zeichnen sich dadurch aus, dass der Normalfall die Ausnahme ist. Sie werden plötzlich krank oder verletzen sich, müssen aus der Kinderbetreuung oder Schule spontan abgeholt werden oder können morgens gar nicht erst hingehen. Für diese Fälle sowie für Betriebsferien von Kinderbetreuungseinrichtungen, Schulferien oder die Nachmittagsbetreuung bedarf es eines Netzes weiterer Betreuungsmöglichkeiten, um die Berufstätigkeit der Eltern abzusichern. Andererseits müssen Situationen abgedeckt werden, in denen die berufstätigen Eltern spontan zusätzliche berufliche Verpflichtungen erfüllen müssen, Termine beim Kunden oder der Kundin haben oder auf Dienstreise gehen müssen. Auch hierfür bedarf es zusätzlicher Betreuungsmöglichkeiten.

Um die Kinderbetreuung in diesen besonderen Situationen sicherzustellen und ihre Mitarbeiter:innen dadurch erheblich zu entlasten und gleichzeitig ihre Arbeitsfähigkeit zu gewährleisten, stehen Unternehmen verschiedene Möglichkeiten zur Verfügung:

- Eltern-Kind-Arbeitszimmer
- Hausaufgabenbetreuung
- Fahrdienste
- Vermittlung spontaner Betreuungsmöglichkeiten / -personen
- Ferienangebote

Eltern-Kind-Arbeitszimmer

Ein Eltern-Kind-Arbeitszimmer dient zur kurzfristigen eigenen Betreuung des Kindes während der Arbeitszeit im Unternehmen. Es ist ein voll ausgestatteter Arbeitsplatz mit Internetanschluss, Computer, Drucker, Telefon etc., kombiniert mit einer Spielecke, Wickelmöglichkeit, Kinderbett und einem Kinderschreibtisch zum Hausaufgabenmachen. So können Kinder aller Altersstufen neben der Arbeit betreut werden. Anlässe können die Überbrückung von geschlossenen Kinderbetreuungseinrichtungen, beispielsweise an Brückentagen vor oder nach Feiertagen, in den Betriebsferien und den Schulferien sein. Zur Betreuung kranker Kinder eignet sich ein Eltern-Kind-Arbeitszimmer nur in Ausnahmefällen (z. B. Fertigstellung dringender Terminarbeiten) und bei nicht-ansteckenden Krankheiten, da ein ernsthaft erkranktes Kind die volle Aufmerksamkeit und Betreuung zumindest eines Elternteiles braucht und bei Infektionskrankheiten Kolleg:innen und andere Betriebsangehörige auch nicht anstecken soll (vgl. Klimpel/Schütte 2006, S. 110; DIHK 2004, S. 17)

Hausaufgabenbetreuung

Können die Hausaufgaben von Schulkindern nicht im Hort betreut werden oder steht kein Hortplatz zur Verfügung, können Unternehmen zur Entlastung ihrer Mitarbeiter:innen entweder eine betriebsinterne oder externe, arbeitsplatz- bzw. wohnortnahe Betreuung der Hausaufgaben bereitstellen. Da die Hausaufgabenbetreuung meist einen Großteil des Nachmittages in Anspruch nimmt, die Eltern und Kinder gleichermaßen beansprucht, stellt eine derartige Dienstleistung eine große Entlastung der Mitarbeiter:innen dar. Dies gilt insbesondere für Berufstätigkeiten mit langen Service- bzw. Öffnungszeiten. Wichtig ist hierbei jedoch eine qualitativ hochwertige Betreuung der Kinder.

Fahrdienste

Sofern der Hort nicht in der Nähe der Schule ist, kann ein betrieblich organisierter Fahrdienst von der Schule zum Hort die Mitarbeiter:innen entsprechend entlasten. In größeren Unternehmen könnte ein eigener Fahrdienst bereitgestellt werden, in kleineren Unternehmen bzw. bei relativ wenigen Schulkindern bieten sich organisierte Taxifahrten an. Dadurch müssen Eltern nicht ihre Arbeitstätigkeit (z. B. in der Mittagspause) unterbrechen und können sich vollständig entspannen bzw. auf ihre Aufgaben konzentrieren. Denkbar sind auch Fahrdienste zwischen Hort und Arbeitsstätte oder eigener Wohnung, die Zeiten abdecken, zu denen der Hort bzw. andere externe Kinderbetreuungseinrichtungen bereits geschlossen haben, die berufstätigen Eltern jedoch noch arbeiten müssen. Wichtig ist dieser Service insbesondere bei langen Öffnungszeiten oder im Schichtdienst.

Vermittlung spontaner Betreuungsmöglichkeiten bzw. -personen

Ein Angebot spontaner bzw. kurzfristiger Betreuungsmöglichkeiten ist für Notfallsituationen oder kurzfristige Ausnahmesituationen für berufstätige Eltern wichtig, die durch die reguläre Kinderbetreuung nicht abgedeckt werden können. Derartige Ausnahmesituationen können in einer spontanen Erkrankung des Kindes oder kurzfristigem Ausfall der regulären Kinderbetreuung bestehen, aber auch durch kurzfristige beruflich bedingte längere Arbeitszeiten (z. B. durch länger dauernde Besprechungen, terminierte Auftragsarbeiten, kurzfristige Kund:innenbesuche oder Dienstreisen) ausgelöst werden. Ohne kurzfristige Betreuungsmöglichkeiten geraten die berufstätigen Eltern in einen psychologischen Rollenkonflikt, da sie sich spontan zwischen Kinderbetreuung und Berufstätigkeit entscheiden müssen. Entsprechende Angebote entschärfen diesen Rollenkonflikt und ermöglichen die Vereinbarkeit der Anforderungen zwischen Kinderbetreuung und Berufstätigkeit für die Eltern.

Ferienangebote

Konflikte zwischen Kinderbetreuung und Berufstätigkeit entstehen für berufstätige Eltern regelmäßig in den Schulferien. Während die jüngeren Kinder im Grundschulalter i.d.R. auch in den Ferien den Hort besuchen können, gibt es diese Betreuungsmöglichkeit für ältere Schulkinder (ab der 5. Klasse) nicht mehr. Die in der 5. Klasse ca. 10-jährigen Kinder sind aber eigentlich noch zu klein, um den ganzen Tag alleine zu Hause zu sein. Sofern keine anderen Familienmitglieder oder Externe die Betreuung der Schulkinder übernehmen, geraten die Eltern hier in ein Dilemma, zumal der Jahresurlaub regulär Beschäftigter nur einen Teil der Schulferienzeiten abdeckt. Doch auch der Hort hat mal Betriebsferien oder schließt ebenfalls in den Schulferienzeiten. Insofern sind Ferienangebote, die von Unternehmen für die Kinder ihrer Mitarbeiter:innen angeboten werden, eine sehr wichtige Maßnahme zur Steigerung der Vereinbarkeit zwischen Berufstätigkeit und Kinderbetreuung. Die Angebote können sich z. B. auf eine Kinderbetreuung im Unternehmen oder durch extern Beauftrage beziehen, es können aber auch Ferien- oder Sprachreisen sowie Tagesausflüge für die Kinder der Mitarbeiter:innen angeboten werden.

> **Praxisbeispiel**: Brose Fahrzeugteile GmbH & Co. KG
> „Der Automobilzulieferer Brose hat mit dem „Kids Club“ eine eigene Bildungs- und Betreuungseinrichtung. Hier werden Kinder am Nachmittag, in den Ferien und im Notfall betreut.“ (Brose Fahrzeugteile GmbH&Co.KG).
> Unternehmen: Brose Fahrzeugteile GmbH & Co. KG
> Ort: Coburg
> Bundesland: Bayern
> Branche: Sonstige (Automobilzulieferindustrie)
> Mitarbeiter:innenzahl: 6.750

„Von Musicalseminaren bis zum Englischkurs – Mit dem „Kids Club" bietet Brose seinen Beschäftigten eine Bildungs- und Betreuungseinrichtung"
Der Automobilzulieferer Brose bietet seinen Mitarbeiter:innen unterschiedliche Teilzeitarbeitsmodelle und auch das Arbeiten im Homeoffice an. Auch im Bereich der Vereinbarkeit von Beruf und Pflege engagiert sich Brose durch eine innerbetriebliche Familienbetreuung, durch Angebote von Pflegekursen und Gesprächskreisen für pflegende Mitarbeiter:innen zum Erfahrungsaustausch. Teils werden die Angebote selbst initiiert, teils erfolgen sie in Kooperation mit anderen Unternehmen bzw. Einrichtungen.
Einen besonderen Schwerpunkt legt Brose jedoch auf die Kinderbetreuung. Hier hat das Unternehmen eine „betriebseigene Bildungs- und Betreuungseinrichtung" aufgebaut, den „Kids Club". Pädagogische Fachleute betreuen die Kinder der Mitarbeiter:innen im Kids Club von 11.30 Uhr bis 18:00 Uhr, in den Schulferien schon ab 7:00 Uhr. Neben einer Hausaufgabenbetreuung bietet der Kids Club viele Freizeitangebote (z.B.: Werken, Sport, Basteln, naturwissenschaftliche Experimente). Die Einrichtung kann auch in Notfällen genutzt werden, wenn die reguläre Betreuung ausfällt. Zusätzlich zu den „normalen" Betreuungsangeboten gibt es seit 2010 eine Kinder- und Jugendakademie, in der spezielle wechselnde Bildungsangebote für Kinder bestehen. Diese erstrecken sich von Computer- oder Sprachseminaren bis hin zu Musikprojekten und richten sich an Kinder bzw. Jugendliche von 6 bis 18 Jahren. Zusätzlich werden themenspezifische Elternabende und gemeinsame Freizeitaktivitäten (z. B. Bogenschießen) angeboten.
Quelle: Vgl. Erfolgsfaktor Familie 2012b Brose Fahrzeugteile GmbH. In: www.erfolgsfaktor-familie.de/default.asp?id=368&;d=6, Abruf: 30.11.2012

5.3 Betreuung pflegebedürftiger Angehöriger

Neben der Betreuung von Kindern stellt die Betreuung pflegebedürftiger Angehöriger eine weitere große Herausforderung für Familien dar. Pflegebedürftig können entweder körperlich oder geistig beeinträchtigte Kinder sein, aber auch (Ehe-)Partner:innen, Eltern oder andere Familienangehörige, die z. B. aufgrund eines Unfalls oder einer Krankheit pflegebedürftig werden sowie ältere Familienangehörige (z. B. die Eltern), die altersbedingt zunehmend Pflege benötigen. Gerade der Anteil älterer pflegebedürftiger Menschen wird aufgrund des demografischen Wandels in den nächsten Jahren in Deutschland deutlich steigen.

Die Betreuung pflegebedürftiger Angehöriger stellt für alle Familienmitglieder eine große physische und psychische Belastung dar, die sich durch die Ausübung einer Berufstätigkeit noch erheblich verschärft. Die Unternehmen sind hier gefordert, geeignete Maßnahmen zur Unterstützung ihrer Mitarbeiter:innen zu entwickeln und anzubieten, um diese großen Belastungen ihrer Mitarbeiter:innen zu mildern sowie physische und psychische Überlastungen der Mitarbeiter:innen zu vermeiden und die betroffenen Mitarbeitenden so auch besser im Unternehmen halten zu können. Die unten aufgeführten und erläuterten Maßnahmen gelten grundsätzlich für alle pflegebedürftigen Angehörigen. Aufgrund der besonderen Brisanz des steigenden Anteils älterer Pflegebedürftiger in den nächsten Jahren wird diese Zielgruppe im Folgenden besonders hervorgehoben.

Aufgrund des demografischen Wandels, und insbesondere auch aufgrund der gestiegenen Lebenserwartung, steigt der Anteil älterer und sehr alter Menschen in den nächsten Jahren und Jahrzehnten deutlich an. Mehr als 60 Prozent der pflegebedürftigen älteren Menschen wurde im Jahr 2021 in der Familie gepflegt (vgl. Statistisches Bundesamt 2024). Andererseits führt die längere Lebensarbeitszeit (Stand 2020: Renteneintritt ab 67) für viele Berufstätige zu einer Doppelbelastung, wenn sie neben einer Voll- oder Teilzeitbeschäftigung zu Hause pflegebedürftige Angehörige versorgen müssen. Die sog. Sandwich-Generation trifft es besonders hart: zu ihr zählen berufstätige Eltern, deren Kinder noch im schulpflichtigen Alter sind und betreut werden müssen, deren Eltern aber auch schon pflegebedürftig sind und ggf. ebenfalls (im Haushalt) betreut werden müssen.

Zusätzliches Gewicht erhält diese Problematik durch den Umstand, dass die Entwicklung und Dauer der Pflegebedürftigkeit im Vorhinein kaum prognostizierbar sind, sich häufig über mehrere Jahre erstrecken und mit erheblichen psychischen und physischen Belastungen der betreuenden Familienangehörigen verbunden sind. Die Schwierigkeiten, die sich aus der Pflegesituation für die berufstätigen Familienmitglieder ergeben können, sind vielfältig und umfassen u. a.:

- Verminderung der psychischen und physischen Leistungsfähigkeit der Mitarbeiter:innen aufgrund der Pflegebelastung
- Erhöhte Fehlzeiten aufgrund von Notfällen bei der zu pflegenden Person

- Geringere Karrierechancen aufgrund der persönlichen Belastung und ggf. geringeren Konzentration und Einsatzbereitschaft im Beruf
- (vorrübergehende) Aussetzung oder Beendigung der eigenen Berufstätigkeit, um einer umfassenden Pflege des oder der Familienangehörigen gerecht zu werden
- Hohe finanzielle Einbußen bzw. Belastungen durch wegfallendes Arbeitsentgelt sowie die Pflegekosten
- Gefahr von psychischen oder physischen Erkrankungen der pflegenden Person aufgrund langandauernder psychischer und physischer Überlastung

Unter dem Begriff „Eldercare“ wird die Betreuung pflegebedürftiger Angehöriger mittlerweile zunehmend in der Literatur diskutiert. Darunter wird ein „ganzheitliches Beratungs- und Pflegekonzept verstanden, das individuell auf die Bedürfnisse des zu betreuenden Menschen abgestimmt ist (Familienservice 2005, o.S.)“ (Klimpel/Schütte 2006, S. 111). Für die Vereinbarkeit von Berufstätigkeit und Familie, aber auch für den Verbleib der Mitarbeitenden in der Beschäftigung und beim Arbeitgeber stellt die Betreuung pflegebedürftiger Angehöriger eine ganz besondere Herausforderung dar.

Durch den steigenden Anteil älterer Menschen in den nächsten Jahren und Jahrzehnten gewinnt die Betreuung pflegebedürftiger Angehöriger auch für die Unternehmen zukünftig erheblich an Bedeutung. Zusätzlich wird für viele Unternehmen die Problematik der Betreuung pflegebedürftiger Angehöriger durch die eigenen Mitarbeiter:innen wichtiger, da die Betroffenheit der eigenen Mitarbeiter:innen steigt und sich dadurch ein entsprechendes Problembewusstsein auch bei den Arbeitgebern entwickelt.

Geeignete Maßnahmen zur Unterstützung der eigenen Mitarbeiter:innen bei der Betreuung pflegebedürftiger Angehöriger erstrecken sich insbesondere auf:

- flexible Arbeitszeiten
- flexible Arbeitsorte
- Information und Beratung
- kurzfristige berufliche Auszeiten zur Organisation einer neu auftretenden Pflegesituation
- Bereitstellung von Serviceleistungen
- finanzielle Unterstützung

5.3.1 Information und Beratung

Mitarbeiter:innen, die zum ersten Mal mit der Situation konfrontiert werden, dass Familienangehörige pflegebedürftig werden, benötigen erst einmal umfangreiche Informationen über Beratungsstellen, medizinische, pflegerische und finanzielle Unterstützungsmöglichkeiten, Betreuungskonzepte, Leistungen der Pflegeversicherung, eigene pflegerische Schulungen sowie psychologische Beratungsangebote für sich selbst. Die Auseinandersetzung mit dieser neuen Situation und die Informationsbeschaffung sind sehr zeitaufwendig und psychisch belastend. Hier können Unternehmen z. B. im Personalmanagement geeignete Anlaufstellen bzw. Beratungsstellen einrichten, die die betroffenen Mitarbeitenden mit allen nötigen Informationen versorgen und eine erste Beratung für den Umgang mit dieser neuen Situation anbieten. Zusätzlich können Unternehmen themenspezifische Informationsveranstaltungen, Seminare und Schulungen zur Betreuung pflegebedürftiger Angehöriger entweder selbst anbieten oder vermitteln sowie unternehmensinterne Gesprächskreise für betroffene Mitarbeiter:innen einrichten, in denen Erfahrungen geteilt werden und eine gegenseitige psychologische Unterstützung erfolgt (vgl. Klimpel/Schütte 2006, S. 112; Erfolgsfaktor Familie 2021a: Vereinbarkeit von Beruf und Pflege).

5.3.2 Kurzfristige berufliche Auszeiten zur Organisation einer neu auftretenden Pflegesituation

Die Pflegebedürftigkeit von Familienangehörigen kann sich über einen längeren Zeitraum hin entwickeln, was den Familienangehörigen eine gewisse zeitliche Einstellung auf die sich abzeichnende Betreuungssituation erlaubt. Allerdings kann die Pflegebedürftigkeit auch kurzfristig auftreten (z. B. durch einen Sturz mit Knochenbruch, dem eine längere Bettlägerigkeit folgt, von der sich Ältere nur schwer erholen) und konfrontiert Mitarbeitende spontan mit der neuen Betreuungssituation. Gerade hierfür sollten Unternehmen Möglichkeiten zur kurzfristigen beruflichen Auszeit entwickeln und anbieten, um ihren Mitarbeiter:innen die nötige Zeit und Aufmerksamkeit zu gewähren, sich mit der neuen Betreuungssituation auseinander zu setzen, Informationen zu beschaffen und eine individuell geeignete Betreuungssituation für den pflegebedürftigen Familienangehörigen zu organisieren und aufzubauen (vgl. Erfolgsfaktor Familie 2021a: Vereinbarkeit von Beruf und Pflege).

5.3.3 Bereitstellung von Serviceleistungen

Unternehmen können ihren betroffenen Mitarbeiter:innen konkrete Serviceleistungen anbieten, die sich z. B. auf die Vermittlung von Betreuungsplätzen (vorzugsweise in der Nähe des Unternehmens oder des Wohnortes), auf die Vermittlung und Organisation von Pflegepersonal, die Erstellung individueller Pflege- und Betreuungspläne sowie auf die Vermittlung geeigneter Pflegeausstattungen (z. B. Betten, Hebelifte, medizinische Pflegeausstattung etc.) und medizinischer Versorgung erstrecken können (vgl. Klimpel/Schütte 2006, S. 113; Erfolgsfaktor Familie 2021a: Vereinbarkeit von Beruf und Pflege).

5.3.4 Finanzielle Unterstützung

Die finanzielle Unterstützung durch die seit 1994 bestehende Pflegeversicherung in Deutschland reicht bei weitem nicht aus, um alle Kosten abzudecken, die die Betreuung pflegebedürftiger Menschen verursacht. Dies bedeutet für viele Betroffene, dass sie die nicht durch die Pflegeversicherung abgedeckten Pflegekosten selbst tragen müssen.

Die Pflegekosten umfassen alle Kosten für die medizinische und pflegerische Betreuung der Betroffenen, für medizinische bzw. pflegerische Geräte, Ausstattung und Verbrauchsmaterialien sowie für den pflegegerechten Umbau von Wohnraum. In Zeiten sinkender Renten und steigender Pflegekosten führt dies nicht selten zu einer ausgeprägten Altersarmut der Pflegebedürftigen, aber auch zur Vermögensaufzehrung der Angehörigen.

Unternehmen können durch Bereitstellung finanzieller Unterstützung ihre betroffenen Mitarbeitenden deutlich entlasten bzw. finanzielle Notstände der Mitarbeitenden vermeiden. Beispielsweise können Unternehmen ihren Mitarbeiter:innen zinsgünstige Darlehen anbieten bzw. vermitteln, z. B. für einen pflegerechten Umbau der Wohnung oder die Anschaffung von pflegeunterstützenden Geräten (Hebelift, pflegegerechtes Bett etc.).

Darüber hinaus könnten Plätze in qualitativ hochwertigen Pflegeeinrichtungen (Seniorenwohnheime, Tagespflegekliniken, Kurzzeitpflegeeinrichtungen) in der Nähe des Arbeitsplatzes reserviert und bei Bedarf für Angehörige eigener Mitarbeiter:innen angemietet werden. Gerade die Reservierung von Plätzen in Kurzzeitpflegeeinrichtungen können Mitarbeiter:innen z. B. bei Dienstreisen erheblich entlasten. Auch eine finanzielle Beteiligung an den laufenden Pflegekosten durch das Unternehmen wäre ein wirksames

Instrument zur Motivation, Leistungssteigerung und Bindung der betroffenen Mitarbeiter:innen an das Unternehmen. Darüber hinaus sind auch indirekte Unterstützungen, z. B. in Form von Spenden an entsprechende Initiativen, Beratungseinrichtungen oder Betreuungseinrichtungen durch das Unternehmen geeignet, die eigene soziale Verantwortung für die Mitarbeiter:innen, ihre Angehörigen und die Gesellschaft zu betonen.

Wichtig bei den unternehmerischen Maßnahmen zur Betreuung pflegebedürftiger Angehöriger sind die Berücksichtigung der individuellen Besonderheiten und eine situationsgerechte Gestaltung der Unterstützung. Nicht unterschätzt werden sollte die entlastende bzw. ausgleichende Funktion der Berufstätigkeit für betroffene Familienangehörige. So wird die Berufstätigkeit oft als Ausgleich bzw. „Erholung" von der physisch und psychisch meist mit steigender Dauer zunehmenden Belastung der Betreuung pflegebedürftiger Angehöriger empfunden. Nicht selten werden die physischen und psychischen Belastungen durch die Pflegesituation für die Betroffenen aber auch so anstrengend, dass sie selbst krank werden und eine berufliche Tätigkeit nicht mehr möglich ist. Hilfreich sind hierbei die soziale Unterstützung durch Kolleg:innen, ein gutes Betriebsklima sowie Ansprechpartner:innen oder Gesprächskreise zur Aufarbeitung der eigenen schwierigen Situation (vgl. Bäcker 2004, S. 141; Erfolgsfaktor Familie 2021a: Vereinbarkeit von Beruf und Pflege).

Praxisbeispiel Siemens AG: Pilotprojekt zum Thema Demenz
„Familienfreundliche Personalpolitik hat bei Siemens lange Tradition. Auch die Vereinbarkeit von Beruf und Pflege baut Siemens mit einem „Elder Care"-Konzept aus." (Siemens AG).
Unternehmen: Siemens AG
Ort: München, Bundesland: Bayern
Branche: Produzierendes Gewerbe
Mitarbeiter:innenzahl: 116.100
„Flexible Arbeitsgestaltung, eine kostenfreie Beratungshotline und ein Pilotprojekt zum Thema Demenz: Siemens denkt das Thema Beruf und Pflege ganzheitlich"
Siemens bietet seinen Mitarbeiter:innen schon viele Jahre vielfältige Maßnahmen zur Vereinbarkeit von Familie und Beruf an. Als weiterer Maßnahmenbereich wurde seit 2006 die Vereinbarkeit von Beruf und Pflege auf- und ausgebaut und auch in der Unternehmenskultur verankert. Hierfür wurde das umfassende strategische Konzept „Elder

Care“ entwickelt, das aus den vier Themenbereichen Freistellung, Information und Kommunikation, Beratung und Gesundheit besteht. Wesentliche Grundlage des Konzeptes sind Angebote zur Arbeitszeit- und Arbeitsortflexibilisierung. So können pflegende Mitarbeiter:innen ihre Arbeitszeit reduzieren oder ggf. auch ein Sabbatical nehmen. Im Bereich der Information und Kommunikation nutzt Siemens unterschiedliche Kommunikationsinstrumente (z. B. Plakate, Flyer, Veranstaltungen, Intranet, Sprechstunden, Vorträge), um seine Mitarbeiter:innen über unternehmensinterne Angebote zum Thema Beruf und Pflege zu informieren. Zusätzlich gibt es im Intranet ein eigenes Portal zum Thema „Elder Care“ sowie eine spezielle und kostenlose Elder-Care-Hotline seit 2010 zur Unterstützung von betroffenen Beschäftigten (täglich erreichbar von 7:00 Uhr bis 20:00 Uhr). Darüber hinaus schult Siemens auch Betriebsärzt:innen, Personalverantwortliche und Sozialberatungen als Multiplikator:innen zur Entwicklung eines Bewusstseins für die Pflegeproblematik.
Zum Thema Demenzerkrankung startete im Herbst 2011 ein Pilotprojekt im Raum Erlangen / Nürnberg. Inhalte des Pilotprojektes sind einerseits die kostenlose Schulung und Beratung der Mitarbeiter:innen im Hinblick auf die Krankheit und den Umgang mit ihr. Andererseits werden auch betroffene bzw. erkrankte Angehörige in das Projekt einbezogen, indem auch speziell für die Demenzerkrankten z. B. Veranstaltungen angeboten werden.
Quelle: vgl. Siemens AG 2012: Pilotprojekt zum Thema Demenz. In: www.erfolgsfaktor-familie.de/default.asp?id=368&;d=13, Abruf: 30.11.2012

Aber auch mittlere Unternehmen engagieren sich bei der Unterstützung ihrer Mitarbeiter:innen, die Pflegeaufgaben wahrnehmen, wie folgendes Beispiel zeigt.

Praxisbeispiel: Medizinischer Dienst der Krankenversicherung Rheinland-Pfalz

Der MDK Rheinland-Pfalz bietet seinen Beschäftigten, die Angehörige pflegen oder Kinder betreuen, eine breite Palette von Angeboten zur besseren Vereinbarkeit von Beruf und Familie." (T.Brenner).

Unternehmen: Medizinischer Dienst der Krankenversicherung Rheinland-Pfalz

Ort: Alzey, Bundesland: Rheinland-Pfalz

Branche: Gesundheits-, Veterinär- und Sozialwesen

Mitarbeiter:innenzahl: 445

„Umfassende Unterstützung für Beschäftigte mit Pflegeaufgaben ist selbstverständlich"

Neben Kinderbetreuungsangeboten hat sich der Medizinische Dienst der Krankenversicherung (MDK) Rheinland Pfalz auf die Unterstützung seiner Mitarbeiter:innen bei der Vereinbarkeit von Berufstätigkeit und der Pflege von Angehörigen spezialisiert. Seine eigenen Fachkompetenzen kommen dabei auch den eigenen Mitarbeiter:innen zugute, von denen viele pflegebedürftige Angehörige betreuen.

Der MDK hat ein Elder Care-Konzept entwickelt und umgesetzt, in dem sieben wesentliche Handlungsfelder integriert sind, die u. a. Serviceleistungen für pflegende Mitarbeiter:innen sowie Modelle zur Gestaltung der Arbeitszeit umfassen. Bei Bedarf können Mitarbeiter:innen kurzfristig ihre Arbeitszeit reduzieren oder von zu Hause aus im Homeoffice arbeiten. Zusätzlich werden verschiedene Teilzeitmodelle sowie Gleitzeitmodelle angeboten. Darüber hinaus bietet der MDK seinen Mitarbeiter:innen themenspezifische Schulungen und ein reichhaltiges Informationsangebot im Intranet und Internet an, u. a. gibt es hier auch einen Pflegenavigator, der Informationen über Pflegedienste und Pflegeeinrichtungen enthält. Bemerkenswert ist die Tatsache, dass sich die pflegeorientierten Angebote explizit auch an die Führungskräfte des Unternehmens richten und von diesen gut angenommen werden.

Quelle: Erfolgsfaktor Familie 2012c: Medizinischer Dienst der Krankenversicherung Rheinland-Pfalz In: www.erfolgsfaktor-familie.de/default.asp?id=368&;d=39, Abruf: 30.11.2012

6 Maßnahmen zur Unterstützung und Bindung von Frauen

Aufgrund der häufigen Mehrfachbelastung von Frauen werden hier noch einmal gesondert spezifische Maßnahmen zur besseren Vereinbarkeit von Berufs-, Familien- und Privatleben von Frauen diskutiert. Diese Maßnahmen sind auch gut geeignet, um eine positive Bindung der Mitarbeiterinnen an ihren Arbeitgeber zu fördern.

Frauen sind heute mindestens genauso gut qualifiziert wie Männer, teils noch besser, wie die Noten der Schul- und Hochschulabgängerinnen beweisen. Sie sind genauso leistungsstark und karriereorientiert wie ihre männlichen Kollegen. Dennoch sind die Karriereperspektiven von Frauen häufig schlechter und ihre Präsenz in hohen Führungspositionen immer noch deutlich niedriger als die der Männer. Entscheiden sich Frauen neben der Karriere auch für die Familie, so bedeutet das für sie meist erhebliche Mehrfachbelastungen im Berufs- und Privatleben. Daher bedarf es gezielter Maßnahmen, die sowohl die Chancengleichheit im Unternehmen sicherstellen, die Frauen gezielt in ihrer beruflichen Entwicklung und Karriereorientierung fördern als auch eine größere Vereinbarkeit des Berufslebens mit dem Familien- und Privatleben ermöglichen und unterstützen. Aufgrund der häufigen Familienorientierung von Frauen lassen sich frauen- und familienorientierte Maßnahmen nicht immer eindeutig trennen. So bestehen zwischen beiden Maßnahmenbereichen vielfältige Wechselwirkungen und auch Überschneidungen.

Zu den frauenorientierten Maßnahmen zählen insbesondere die folgenden (vgl. Kirschten 2017, S. 173 ff.; Stock-Homburg 2019, 792 ff.):

- Entwicklung einer frauen- und familienfreundlichen Unternehmenskultur:
  - Dazu gehört die Entwicklung der Unternehmenskultur hin zu einem chancengleichen Umgang mit weiblichen Mitarbeitenden und Führungskräften.
  - Aber auch die Verankerung der Chancengleichheit und Familienfreundlichkeit in den Werten und Verhaltensweisen des Unternehmens.

- Berücksichtigung einer besseren Vereinbarkeit von Berufstätigkeit, Familie und Privatleben bei der Personalbedarfsplanung:
  - Dazu gehört z. B. die Entwicklung von Stellenprofilen, die die Vereinbarkeit von Berufstätigkeit und Familie unterstützen.
  - Angebote an flexiblen Arbeitszeit- und Arbeitsortkonzepten.
- Berücksichtigung einer besseren Vereinbarkeit von Beruf, Familie und Privatleben bei der Gewinnung von Mitarbeitenden. Dazu gehört z. B. die Sicherstellung von Chancengleichheit im Auswahlprozess der Personalgewinnung.
- Berücksichtigung einer besseren Vereinbarkeit von Beruf, Familie und Privatleben bei der Personalentwicklung:
  - Geschlechtsunabhängige Förderung von Leistungsträgern
  - Schaffung von Anreizen zur gezielten Förderung weiblicher Mitarbeiterinnen
  - Entwicklung von attraktiven und familienfreundlichen Karrieremodellen
  - Einrichtung von Mentoring-Programmen und Netzwerken für weibliche Mitarbeiter:innen und Führungskräfte
- Unterstützung von Mitarbeiterinnen bei der Entwicklung beruflicher Perspektiven und karriereorientierter Strategien
- Berücksichtigung einer besseren Vereinbarkeit von Beruf, Familie und Privatleben beim Personaleinsatz
  - Berücksichtigung persönlicher, familiärer und privater Belange von Mitarbeiterinnen (z. B. Angebot flexibler Arbeitszeiten und Arbeitsorte, Homeoffice)
  - Berücksichtigung familiärer Anforderungen und Verpflichtungen bei der unternehmensinternen Arbeitsorganisation
  - Chancengleichheit bei der Übertragung von verantwortungsvollen Aufgaben (z. B. Leitung eines Teams oder einer Projektgruppe, Führungspositionen)

6.1 Entwicklung einer frauen- und familienfreundlichen Unternehmenskultur

Die Unternehmenskultur umfasst vier zentrale Ebenen (vgl. Homburg/Pflesser 2000; Stock-Homburg 2008, S. 650; Stock-Homburg 2019, S. 797 ff.; BMFSFJ 2019):

- Werte sind im Unternehmen geteilte Auffassungen, darüber, was wünschenswert ist.
- Normen sind die Erwartungen, die an wünschenswerte Verhaltensweisen gestellt werden.
- Artefakte sind von außen sichtbare Symbole der Unternehmenskultur.
- Verhaltensweisen sind von außen beobachtbare Handlungen der Mitglieder des Unternehmens.

Ziel der Entwicklung einer frauen- und familienfreundlichen Unternehmenskultur sollte einerseits ein chancengleicher Umgang mit Mitarbeiterinnen und weiblichen Führungskräften sein, andererseits aber auch die Verankerung der Chancengleichheit und Familienfreundlichkeit in den Werten, Normen, Artefakten und Verhaltensweisen der Unternehmenskultur beinhalten. Frauen- und familienfreundliche Werte einer solchen Unternehmenskultur könnten z. B. in den Leitlinien des Unternehmens festgeschrieben werden, in denen eine Gleichbehandlung und Chancengleichheit von Mitarbeitern und Mitarbeiterinnen verankert werden sowie Toleranz, Respekt und Unterstützung gegenüber Mitarbeiter:innen mit familiären Verpflichtungen als wichtige Unternehmenswerte (vgl. Stock-Homburg 2008, S. 650; Stock-Homburg 2019, S. 798). Normen umfassen wünschenswerte Verhaltensstandards, die ein Unternehmen für sich und den Umgang mit seinen Mitarbeitenden festlegt. Frauen- und familienorientierte Normen könnten beispielsweise konkrete Verhaltensvorgaben zum grundsätzlichen Umgang mit Mitarbeiterinnen und zum Umgang mit Mitarbeiterinnen mit Familien umfassen. Dazu gehören könnte u. a. die explizite Förderung von Frauen in ihrer beruflichen Entwicklung, unabhängig von der Anzahl ihrer Kinder oder ihrer Erziehungszeiten (beruflichen Auszeiten). Frauen- und familienfreundliche Artefakte als sichtbare Symbole der frauen- und familienfreundlichen Unternehmenskultur könnten z. B. in dem Angebot von Teilzeitarbeitsplätzen auch für Führungskräfte oder in konkreten Förder- und Mentoring-Konzepten für weibliche Mitarbeiterinnen und Führungskräfte bestehen. Konkrete frauen- und familienorientierte Verhaltensweisen des Unternehmens könnten beispielsweise darin bestehen, dass die Geschäftsleitung bzw. der Vorstand und Aufsichtsrat des Unternehmens annähernd gleichverteilt mit weiblichen und männlichen Führungskräften besetzt ist. Aber auch teilzeitarbeitende Führungskräfte sind ein sichtbarer Ausdruck der Familienorientierung eines Unternehmens (vgl. Stock-Homburg 2019, S. 797 ff.).

6.2 Berücksichtigung einer besseren Vereinbarkeit von Berufstätigkeit, Familie und Privatleben bei der Personalbedarfsplanung

In den Bereich der Personalbedarfsplanung fällt u. a. die Entwicklung von Stellenprofilen. Eine Frauen- und Familienorientierung könnte in den Stellenprofilen dadurch zum Ausdruck kommen, dass bereits in konkreten Stellenprofilen die Vereinbarkeit der Berufstätigkeit mit dem Familien- und Privatleben berücksichtigt wird. Aber auch differenzierte Angebote an flexiblen Arbeitszeit- und Arbeitsplatzkonzepten, die die verschiedenen Lebensphasen der Mitarbeiterinnen berücksichtigen, sind hier wichtige Maßnahmen.

6.3 Berücksichtigung einer besseren Vereinbarkeit von Beruf, Familie und Privatleben bei der Gewinnung von Mitarbeiterinnen

Bereits bei der Personalwerbung sollte die Sicherstellung der Chancengleichheit und die Förderung von Frauen im Unternehmen deutlich hervorgehoben werden. Im Zuge des knapper werdenden Angebots an gut qualifizierten jüngeren Fach- und Führungskräften kann sich ein Unternehmen mit einer expliziten und ehrlichen Frauen- und Familienorientierung positiv als Arbeitgeber von anderen Unternehmen abheben und dadurch Vorteile bei der Gewinnung von gut qualifizierten Nachwuchskräften und Mitarbeitenden erreichen. Aber auch im Auswahlprozess der Personalgewinnung sollten Kriterien zur Wahrung der Chancengleichheit eingeführt und durchgesetzt werden.

6.4 Berücksichtigung einer besseren Vereinbarkeit von Beruf, Familie und Privatleben bei der Personalentwicklung

Die Personalentwicklung bietet viele Ansatzpunkte zur Steigerung der Work-Life-Balance für Frauen. Unter anderem bieten sich hier folgende Maßnahmen an:

Die Personalentwicklung sollte explizit die Chancengleichheit bei der Förderung von Leistungsträgerinnen wahren und auch kommunizieren.

Zusätzlich bieten sich verschiedene Instrumente an, um die Potenziale der Mitarbeiterinnen gezielt zu fördern. Dabei ist es wichtig, auch die Führungskräfte zu schulen, um talentierte und leistungsstarke Mitarbeiterinnen zu identifizieren, ihre Potenziale zu erkennen und sie gezielt zu fördern. Geeignete Führungskräftetrainings sind beispielsweise Awareness-Trainings, die das Bewusstsein für die vielfältigen Bedürfnisse und Verhaltensweisen von männlichen und weiblichen Mitarbeitenden schärfen sowie Skill-Building-Trainings, die auf den Erwerb spezifischer Fähigkeiten abzielen (vgl. Stock-Homburg 2008, S. 662). Zusätzlich sollten für die Führungskräfte gezielt Anreize zur Förderung von Frauen geschaffen werden.

Ein weiterer sehr wichtiger Bereich bildet die Entwicklung und Einführung von attraktiven, spezifisch auf Frauen ausgerichteten und gleichzeitig potenziell familienfreundlichen Karrieremodellen. Damit müssen sich Frauen nicht für nur einen dominierenden Lebensbereich (entweder Beruf und Karriere *oder* Familie) entscheiden, wie es heute oft noch der Fall ist, sondern können selbst über die Gestaltung ihrer Lebensbereiche entscheiden und – je nach persönlichem Wunsch – auch verschiedene Lebensbereiche relativ gleichberechtigt verbinden: Beruf und Karriere *und* Familie und Privatleben.

Wichtig sind hierbei auch Angebote des Unternehmens, um die Frauen bei der Entwicklung ihrer beruflichen Perspektiven und Strategien zu unterstützen, wie beispielsweise Mentoring-Programme oder die Initiierung von bzw. Informationen über Netzwerke für Mitarbeiterinnen und weibliche Führungskräfte.

6.5 Berücksichtigung einer besseren Vereinbarkeit von Beruf, Familie und Privatleben beim Personaleinsatz

Neben Arbeitszeit-, Arbeitsort- und Arbeitsplatzmodellen zur Förderung der Work-Life-Balance von Frauen geht es im Bereich des Personaleinsatzes um eine stärkere Berücksichtigung der persönlichen, familiären und privaten Belange der Mitarbeiterinnen. Dabei kommt der Berücksichtigung familiärer Anforderungen und Verpflichtungen bei der Arbeitsorganisation eine besondere Bedeutung zu. Geeignete Maßnahmen können z. B. Vorgaben des Unternehmens sein, Arbeitsbesprechungen spätestens zum regulären Ende der Arbeitszeit zu beenden und nicht bis in die späten Nachmittagsstunden oder gar Abendstunden hineinzuziehen, damit Frauen bzw. Eltern auch ihren familienorientierten Pflichten (z. B. Abholen der Kinder aus dem Kindergarten oder Hort) nachkommen können, ohne wichtige Besprechungen vorzeitig abbrechen zu müssen oder zu versäumen. Gleiches gilt z. B. für die Kommunikation zwischen den Kolleg:innen und Vorgesetzten, insbesondere per E-Mail oder Telefon.

So sollten frauen- und familienorientierte Unternehmen deutliche Grenzen setzen, bis wann eine berufliche Kommunikation erwartet wird, bzw. ab wann eine berufliche Kommunikation unerwünscht ist, um die Entgrenzung zwischen dem Berufsleben und dem Privatleben zu verringern bzw. ganz zu vermeiden. Einige Unternehmen haben hierüber feste Richtlinien verabschiedet, die z. B. eine berufliche Kommunikation zwischen den Mitarbeiter:innen wochentags ab 18:00 Uhr und am gesamten Wochenende untersagt.

Auch die Festlegung von Zeiten der Nichterreichbarkeit beispielsweise durch Betriebsvereinbarungen ist empfehlenswert, jedoch noch wenig verbreitet. Frauen hilft das bei der Abgrenzung zwischen Berufstätigkeit und Privatleben deutlich, zumal sie sich nicht genötigt fühlen müssen, abends (nachdem sie vielleicht ihre Kinder ins Bett gebracht haben) nochmal den eigenen E-Mail-Account auf neue Nachrichten zu prüfen oder auch am Wochenende das Dienst-Handy dabei zu haben, um auch beruflich erreichbar zu sein und keine beruflichen bzw. karriereorientierten Nachteile zu erleiden. Zusätzlich ist eine explizite Chancengleichheit bei der Übertragung verantwortungsvoller Aufgaben (z. B. bei der Leitung eines Teams oder einer Projektgruppe) für die Unterstützung der beruflichen Entwicklung von Frauen wichtig.

Diese Maßnahmen zur Förderung der beruflichen Entwicklung von Frauen leisten insofern einen Beitrag zur verbesserten Work-Life-Balance, als sie Frauen nicht das Gefühl geben, doppelt so gut sein zu müssen und dreifach so viel im Beruf leisten zu müssen, wie ihre männlichen Kolleg:innen. Damit verringern sich die Hürden einer beruflichen Entwicklung und Karriere für Frauen und ihre karriereorientierte Berufstätigkeit lässt noch Raum für parallele Lebensentwürfe, wie z. B. eine Familie zu gründen, ein erfülltes Privatleben zu haben oder privaten Hobbys nachgehen zu können.

Praxisbeispiel: Bosch Deutschland
„Im Gleichgewicht bleiben"
„Entscheiden Sie sich für beides: Beruf und Privatleben."
Haben Sie schon einmal ein Smartphone gesehen, das mit leerem Akku funktioniert? Wir auch nicht. Und genauso wenig haben wir jemals Menschen gesehen, die ihr volles Potential entfalten können, wenn nur die Arbeit im Vordergrund steht.
Rund um den Globus bringen unsere Kolleginnen und Kolleg:innen tagtäglich Spitzenleistungen. Das geht, weil wir sie dabei unterstützen, eine gesunde Balance zwischen ihrem Job und ihrem Privatleben zu finden. Dazu gehört zum Beispiel Zeit für Ihre Kinder oder für die Pflege Ihrer Eltern. Vielleicht haben Sie auch ein Hobby, das Ihnen am Herzen liegt, planen einen Auslandsaufenthalt oder eine Fortbildung. Zusammen finden wir ganz bestimmt eine Lösung, die zu Ihrem Leben passt.
Dazu gehören auch flexible Arbeits(zeit)modelle. Denn wir glauben, dass gute Ideen überall entstehen können. Wichtig ist uns, dass das Ergebnis stimmt. Und dafür schaffen wir die besten Rahmenbedingungen. Ob Jobsharing, Teilzeit, mobile Arbeit – Bosch bietet Ihnen zahlreiche Möglichkeiten, Ihre Arbeit an Ihre individuellen Bedürfnisse anzupassen.
Gleichzeitig möchten wir aber auch innerhalb unseres Unternehmens für einen guten Ausgleich sorgen. In einer Vielzahl von Vereinen und Gruppen können Sie gemeinsam mit Ihren Kolleg:innen von ihren aktuellen Projekten abschalten und Ihrer Leidenschaft nachgehen."
Zitat von Bosch Deutschland.
Quelle: Bosch 2021: Work-Life-Balance bei Bosch. In: www.bosch.de/karriere/warum-bosch/work-life/. Abruf: 18.04.2021.

Für die Unternehmen wirken sich Maßnahmen der Frauenförderung und zur Verbesserung der Work-Life-Balance meist nur positiv aus: Sie gewinnen sehr gut qualifizierte Mitarbeiterinnen, die hoch leistungsorientiert und motiviert sind, da sie als gleichwertig und gleich wichtig geschätzt werden und ihnen noch ermöglicht wird, verschiedene Lebensbereiche zu vereinbaren, und sich nicht für oder gegen bestimmte Lebensbereiche entscheiden zu müssen. Diese Erkenntnis setzt sich bei einem steigenden Anteil der Unternehmen durch. So wirbt beispielsweise Bosch explizit damit, dass sich

Frauen nicht zwischen Familie und Karriere entscheiden müssen, sondern bei Bosch beides gleichzeitig verwirklichen können.

7 Maßnahmen zur Unterstützung und Bindung von älteren Mitarbeiter:innen

Welche Mitarbeitenden zu den älteren Mitarbeiter:innen zählen, ist branchen- und betrachtungsabhängig. Im Sportbereich und der IT-Industrie zählen schon Mitarbeiter:innen ab Mitte 30 als älter. In vielen anderen Branchen werden Mitarbeiter:innen ab 45 Jahren bis 50 Jahren als ältere Mitarbeiter:innen eingestuft. In Anbetracht der Tatsache, dass das derzeitige Renteneintrittsalter bei 67 Jahren liegt, haben diese Mitarbeiter:innen noch ca. 17 bis 22 Arbeitsjahre vor sich.

Weit verbreitet sind immer noch Vorurteile gegenüber älteren Mitarbeiter:innen, die von einer deutlich abnehmenden Leistungsfähigkeit und einer nur noch geringen Motivation der älteren Mitarbeiter:innen ausgehen. Natürlich hinterlässt ein jahrzehntelanges Arbeitsleben physische und psychische Spuren bei den Mitarbeiter:innen, die jedoch stark abhängig sind von der konkreten Berufstätigkeit. Allerdings belegen wissenschaftliche Untersuchungen, dass die physische und psychische Leistungsfähigkeit älterer Mitarbeiter:innen nicht zwangsläufig mit steigendem Alter zurückgeht. Vielmehr verändern sich die Leistungskapazitäten und -potenziale der Mitarbeiter:innen im Zeitverlauf, wie Tabelle 12 zeigt.

Leistungsfähigkeiten		
zunehmend	**gleichbleibend**	**abnehmend**
• Lebens- + Berufserfahrung • betriebsspezifisches Wissen • Urteilsfähigkeit • Zuverlässigkeit • Besonnenheit • Qualitätsbewusstsein • Kommunikationsfähigkeit • Kooperationsfähigkeit • Pflichtbewusstsein • Verantwortungsbewusstsein • positive Arbeitseinstellung • Ausgeglichenheit und Beständigkeit • Angst vor Veränderungen	• Leistungsorientierung • Zielorientierung • Systemdenken • Kreativität • Entscheidungsfähigkeit • psychische Ausdauer • Kommunikationsfähigkeit • Kooperationsfähigkeit • Konzentrationsfähigkeit	• körperliche Leistungsfähigkeit • geistige Beweglichkeit • Geschwindigkeit der Informationsaufnahme • Geschwindigkeit der Informationsverarbeitung • Kurzzeitgedächtnis • Risikobereitschaft • Lern- und Weiterbildungsbereitschaft

Tabelle 12: Veränderung der Leistungsfähigkeit von Mitarbeiter:innen mit zunehmendem Alter. Quelle: Bruggemann 2000; Lehr 2000; INQA 2005

Nachgewiesen ist jedoch auch, dass die individuelle Leistungsfähigkeit stark abhängig ist von der persönlichen Lebensweise, der bisherigen Ausbildung und Weiterbildungsaktivitäten, von sozio-demografischen Faktoren sowie der individuellen physischen und psychischen Kondition. Insofern sind auch ältere Mitarbeitende heute häufig bis weit über das Rentenalter hinaus als sehr leistungsfähig und auch leistungsbereit einzustufen. (vgl. Deloitte 2018)

Im Zuge des demografischen Wandels und der in Zukunft deutlich alternden Belegschaften müssen sich die Unternehmen zukünftig wesentlich intensiver um ihre älteren Mitarbeiter:innen kümmern, sie deutlich mehr wertschätzen und sie motivieren, ihre noch hohen Leistungspotenziale für das Unternehmen einzusetzen.

Das hohe Niveau der medizinischen Versorgung und Gesundheitsorientierung der Menschen in Deutschland hat dazu geführt, dass auch Menschen ab 50 Jahren physisch und psychisch noch sehr leistungsfähig sind, gerne neue Herausforderungen annehmen, sportlich meist noch sehr aktiv sind, diverse Hobbies pflegen und sich gerne weiterbilden. Sie selbst sehen sich keineswegs als „Ältere" oder gar „alte Mitarbeiter:innen", da sie statistisch noch eine Lebenszeit von ca. 30 Jahren vor sich haben. Diese eigene Wahrnehmung spiegelt sich auch in ihrem meist noch sehr hohen beruflichen Engagement und ihrer beruflichen Leistungsfähigkeit. Die Anzahl derjenigen Mitarbeiter:innen, die aufgrund hoher physischer Arbeitsbelastungen ab 50 Jahren gesundheitliche Beeinträchtigungen haben, ist in den letzten Jahrzehnten deutlich zurückgegangen (vgl. z. B. BMFSFJ 2008).

Insgesamt sind die ab 50-Jährigen „älteren Mitarbeiter:innen" als eine meist noch sehr leistungsstarke und zukünftig anteilsmäßig steigende Mitarbeiter:innengruppe zu werten, die über jahrzehntelanges Expert:innen- und Erfahrungswissen verfügen, und damit für die Unternehmen von unschätzbarem Wert sind. Zusätzlich sind gerade ältere Mitarbeiter:innen häufig wesentlich loyaler und stärker mit „ihrem" Unternehmen verbunden. Da sie noch fast zwanzig weitere Jahre im Berufsleben stehen werden, ist auch für sie eine gute Vereinbarkeit von Berufsleben, Familienleben und Privatleben wichtig.

Die Wünsche nach einer ausgeglichenen Work-Life-Balance umfassen bei älteren Mitarbeitenden verschiedene Perspektiven, aus denen sich jeweils spezifische Ansatzpunkte bzw. Maßnahmen für eine höhere Vereinbarkeit zwischen Berufs- und Privatleben ableiten lassen, die gleichzeitig die Bindung der Mitarbeitenden an ihre Arbeitgeber fördert. Die verschiedenen Perspektiven und geeigneten Maßnahmen werden im Folgenden vorgestellt.

7.1 Hohes berufliches Engagement und Karriereorientierung

Mitarbeiter:innen ab 50 Jahren haben meist schon wesentliche Karriereziele in ihrem Berufsleben erreicht. Das bedeutet aber nicht, dass sie kein Interesse mehr an weiteren beruflichen Karriereperspektiven haben. Im Gegenteil: Hohe Führungspositionen (z. B. in der Geschäftsleitung, im Vorstand, Aufsichtsrat oder im gehobenen Management) werden vorrangig mit älteren, erfahrenen Mitarbeiter:innen besetzt, die nicht nur über langjähriges Expert:innenwissen, sondern auch über langjähriges Erfahrungswissen und ein umfangreiches Netzwerk in ihrem Berufsfeld verfügen. Dieses umfangreiche Wissen ist für die Unternehmen außerordentlich wertvoll und sollte deshalb unbedingt gewürdigt und genutzt werden. Gerade sehr verantwortungsvolle Positionen sind häufig mit umfangreichen Arbeitszeiten (auch abends und am Wochenende) sowie mit erheblichen psychischen Stresspotenzialen verbunden. Daher sind Work-Life-Balance-Maßnahmen auch für die älteren karriereorientierten Mitarbeitenden sehr wichtig. Geeignete Ansatzpunkte für Work-Life-Balance-Maßnahmen in dieser Perspektive liegen insbesondere in folgenden Bereichen:

Verankerung einer ausdrücklichen Wertschätzung der älteren Mitarbeiter:innen in der Unternehmenskultur. Die immer noch weit verbreitete Konzentration der Wertschätzung überwiegend auf junge gut qualifizierte Mitarbeitende wird der heutigen und sich zukünftig entwickelnden Altersstruktur in vielen deutschen Unternehmen sowie den hohen Leistungsfähigkeiten und Wissensbeständen älterer Mitarbeitender bei weitem nicht gerecht. Auch die häufig geringe Wertschätzung älterer Mitarbeiter:innen als „altes Eisen" ignoriert deren Leistungsfähigkeit, Leistungsbereitschaft, Wissensbestände sowie hohe Loyalität gegenüber ihren Arbeitgebern. Um das außerordentlich wertvolle Humankapital der älteren Mitarbeiter:innen angemessen zu würdigen und die Mitarbeiter:innen zu motivieren, bedarf es der Verankerung einer hohen Wertschätzung der älteren Mitarbeiter:innen in der Unternehmenskultur (vgl. Tabelle 13). Diese könnte in den verschiedenen Ebenen der Unternehmenskultur beispielsweise so zum Ausdruck kommen:

Bestandteile einer altersorientierten Unternehmenskultur			
Ebenen der Unternehmenskultur	**Wertschätzungskultur**	**Kooperationskultur**	**Lernkultur**
Altersorientierte Werte	Wertschätzung des Wissens / der Erfahrungen älterer Führungskräfte und Mitarbeiter:innen. Strategische Verankerung von Chancengleichheit für Mitarbeiter:innen aller Altersstufen.	Integration des intergenerativen Wissenstransfers in die Unternehmensziele. Betonung der Bedeutung einer offenen Kommunikation und intensiven Kooperation zwischen Mitarbeiter:innen verschiedener Altersstufen in den Unternehmensleitsätzen.	Formulierung und Publikation einer Vision vom „lernenden Unternehmen". Verankerung der Qualifizierung aller Mitarbeiter:innen in den Unternehmenszielen. Integration einer „Fehlerkultur", die die Angst vor Fehlern nimmt und so ermöglicht, aus Fehlern zu lernen.

Altersorientierte Normen	Formulierung von Verhaltensregeln im Umgang mit älteren Mitarbeiter:innen. Verankerung der Förderung älterer Mitarbeiter:innen in den Zielen der Führungskräfte.	Verankerung von Zusammenarbeit und Wissensaustausch zwischen allen Mitarbeiter:innen in individuellen Zielvereinbarungen. Aufstellung von Verhaltensregeln für die Zusammenarbeit in altersgemischten Teams.	Anerkennung von freiwilligen Weiterbildungsaktivitäten in Beurteilungsgesprächen. Vertragliche Verpflichtung der Mitarbeiter:innen zur regelmäßigen Fortbildung. Angebote altersgerechter Weiterbildungen.
Altersorientierte Artefakte	Auszeichnung von Mitarbeiter:innen mit besonderen Verdiensten im Umgang mit älteren Mitarbeiter:innen. Gestaltung von Unternehmensauftritten (z. B. Homepage) mit Bildern von Mitarbeiter:innen aller Altersgruppen.	Küren des „altersgemischten Teams des Jahres“. Vorstellung von „Mentoring-Paaren“ im Intranet oder in der Mitarbeiter:innenzeitschrift.	Veröffentlichung der Weiterbildungsquoten nach Abteilungen, Unternehmensbereichen und Altersstufen der Mitarbeiter:innen im Intranet. Ehrung für Mitarbeiter:innen, die freiwillig in berufsbegleitenden Kursen oder Studiengängen zusätzliche Qualifikationen erworben haben.
Altersorientierte Verhaltensweisen	Integration der Kriterien Wissen und Erfahrung in das Beurteilungssystem. Durchführung von „Age Sensitivity-Trainings“ für Führungskräfte. Altersgerechte Karrieremodelle entwickeln und einführen.	Einrichtung generationsübergreifender Mentoring-Programme. Durchführung von Trainings zur Teamentwicklung sowie zur Verbesserung der individuellen Teamfähigkeit.	Freistellung der Mitarbeiter:innen für berufliche Qualifizierung. Durchführung von altersgerechten Weiterbildungen und Trainings zur Verbesserung der Lernfähigkeit von Mitarbeiter:innen.

Tabelle 13: Bestandteile einer altersorientierten Unternehmenskultur.
Quelle: in Anlehnung an Stock-Homburg 2008, S. 608

Neben einer altersgerechten Unternehmenskultur ist die Entwicklung und Implementierung altersgerechter Karrieremodelle ein wichtiges Instrument zur Förderung einer höheren Mitarbeitendenbindung. Altersgerechte Karrieremodelle könnten in verschiedenen Karrierepfaden, wie beispielsweise in der Führungskarriere, der Fachkarriere, der Projektkarriere oder auch in Patchworkkarrieren (z. B. als Quereinsteiger) gezielt Karriereperspektiven für ältere Mitarbeiter:innen anbieten, die spezifisch auf die jeweiligen Leistungspotenziale und -kapazitäten, die persönliche Leistungsbereitschaft und die fachliche Aufgabenvielfalt zugeschnitten werden. So wird eine Überforderung älterer Mitarbeiter:innen bzw. Führungskräfte in anspruchsvollen und beanspruchenden Aufgabenbereichen vermieden, gleichzeitig jedoch die Motivation und Leistungsbereitschaft durch den individuellen Zuschnitt der Karriereperspektive enorm gefördert.

7.2 Wertschätzung, Nutzung und Bewahrung des langjährigen Expert:innen- und Erfahrungswissens der älteren Mitarbeitenden

Ebenso wichtig ist die Anerkennung, Nutzung und Bewahrung des langjährigen Expert:innen- und Erfahrungswissens der älteren Mitarbeitenden. Im Zusammenhang mit einer höheren Wertschätzung der älteren und erfahrenen Mitarbeitenden sollte auch ihr umfangreiches Wissen hochgeschätzt und explizit anerkannt werden. Um dieses Wissen für das Unternehmen umfangreich nutzen zu können, bieten sich folgende Ansatzpunkte an (vgl. Kirschten 2010, S. 269 ff.):

7.2.1 Spezifische wissensorientierte Anreizsysteme

Ein wichtiger Ansatzpunkt zur Förderung der Wissensteilung und Nutzung ist die Entwicklung und der Einsatz von Anreizsystemen, die gezielt die Offenlegung, Verteilung und gegenseitige Nutzung der im Unternehmen vorhandenen Wissensbestände fördern. Dazu gehört auch die ausdrückliche Aufforderung, das eigene Wissen für andere Mitarbeitende offen zu legen aber auch das Wissen anderer Wissensträger für eigene Aufgaben zu nutzen. Auch eine fehlerfreundliche Unternehmenskultur (positive Fehlerkultur) hilft, begangene Fehler offenzulegen und aus ihnen zu lernen. Bei der Gestaltung der Anreizsysteme sollten die spezifischen Bedürfnisse der verschiedenen Wissensträger berücksichtigt werden. Häufig sind nicht nur materielle Anreize, sondern viel eher immaterielle Anreize wirksam, wie

z. B. Anerkennung der Wissensteilung, Gestaltungsspielräume zur Generierung neuen Wissens sowie attraktive Karriereperspektiven. Darüber hinaus sollten die Anreize eine Bindungswirkung entfalten, um den Verbleib und die Loyalität der Mitarbeiter:innen im bzw. zum Unternehmen zu stärken.

7.2.2 Management by Knowledge Objectives

Als Erweiterung des Management-by-Objectives-Konzeptes können im Rahmen von gemeinsamen Zielabsprachen oder Zielvereinbarungen zwischen dem Vorgesetztem und den Mitarbeiter:innen nicht nur bestimmte Leistungsziele vereinbart werden, sondern auch der Erwerb zusätzlicher Qualifikationen, beispielsweise durch entsprechende absolvierte Weiterbildungsmaßnahmen. Neben der Vereinbarung konkreter wissensorientierter Ziele (z. B. Qualifikationsziele), können auch Ziele der Teilung, Weitergabe und Dokumentation von Wissen vereinbart werden, die je nach vereinbartem Zielerreichungszeitraum überprüft und ggf. angepasst werden (vgl. Kirschten 2010, S. 269 f.). Die Vereinbarung konkreter wissensorientierter Ziele dient dazu, die Erwünschtheit der Wissensteilung und gegenseitigen Wissensnutzung zu bekräftigen und überprüfbar durchzusetzen, und zwar unabhängig vom Aufgabengebiet oder Alter der Mitarbeitenden.

7.2.3 Förderung unternehmensinterner Netzwerkbildung

Unternehmen sollten gezielt die Bildung unternehmensinterner Wissensnetzwerke fördern, z. B. durch die Bereitstellung von Räumlichkeiten, Infrastruktur (Computer, Internetzugang, Technologien) sowie zeitlicher Ressourcen (z. B. Treffen während der Arbeitszeit) oder durch Informationen über potenzielle Netzwerkpartner:innen. Wissensbasierte Netzwerke können sich geschäftsbereichsübergreifend oder aufgabenübergreifend entwickeln, wodurch ein intensiver Austausch der bestehenden Wissensbestände sowie die Entwicklung neuen Wissens gefördert wird. Gleichzeitig kann auch ein altersübergreifender Austausch vorhandener Wissensbestände erfolgen, was auch dazu beiträgt, bestehendes individuelles Wissen in kollektives und organisationales Wissen zu transformieren. (vgl. Kirschten 2010, S. 270).

7.2.4 Altersgemischte Arbeits- und Projektgruppen

Die bewusste Bildung von altersgemischten Arbeits- und Projektgruppen steigert das Selbstwertgefühl der älteren Mitarbeitenden und fördert gleichzeitig die Wissensübertragung von älteren auf jüngere Mitarbeitende im Unternehmen. Hierdurch wird aufgaben- und projektbezogenes Wissen systematisch innerhalb des Unternehmens weitergegeben. Zusätzlich erfolgt ein Austausch und eine Anreicherung zwischen aktuellem Fachwissen und langjährigem Erfahrungswissen.

7.2.5 Communities of Practice

Communities of Practice sind Wissensgemeinschaften, die sich ursprünglich als informelle Arbeitsgruppen zu bestimmten Wissensgebieten gebildet haben (vgl. Probst/Raub/Romhardt 2006, S. 168). Unternehmen können die Bildung solcher Communities of Practice bewusst fördern, z. B. durch Bereitstellung notwendiger Ressourcen, und dadurch die unternehmensinterne Zusammenarbeit sowie den Austausch von Wissen in konkreten Wissensgebieten oder zu konkreten Themenstellungen intensivieren. Auch hier sind altersgemischte Communities of Practice zur Wissensübertragung von älteren auf jüngere Mitarbeiter:innen empfehlenswert. (vgl. Kirschten 2010, S. 270).

7.2.6 Story Telling

Als Story Telling wird die Weitergabe von komplexem Wissen durch Geschichten verstanden. Dies hat den Vorteil, dass nicht nur das Wissen weitergegeben wird, sondern auch der Kontext, in dem das Wissen steht und das bei einer reinen Wissensvermittlung häufig nicht kommuniziert wird, für komplexe Zusammenhänge jedoch sehr wichtig ist. Besonders gut eignet sich das Story Telling für die Weitergabe von Erfahrungswissen (Learning Histories) sowie für die Weitergabe von Entwicklungen (z. B. von Technologien oder Geschäftsfeldern) oder auch von Ereignissen oder Erfolgen von Persönlichkeiten (z. B. von Unternehmensgründern). Gleichzeitig werden durch das Story Telling organisationale Lernprozesse angeregt (vgl. Kirschen 2010, S. 270).

7.2.7 Best Practice Sharing

Die allgemein anerkannte bestmögliche Lösung für ein konkretes Problem oder eine bestimmte Aufgabenstellung wird als Best Practice bezeichnet (vgl. Lehner 2008, S. 182). Um die beste Lösung zu identifizieren, muss sie mit anderen Lösungen verglichen werden, z. B. durch ein Benchmarking. Die beste Lösung muss leicht messbar und wiederholt durchführbar sein, um für andere Probleme genutzt werden zu können. Durch die Offenlegung und Weitergabe bester Lösungen (Best Practice Sharing) wird das Wissen über Best Practices im Unternehmen geteilt und kann auch für andere Problemstellungen verwendet werden. So können individuelle Wissensbestände in kollektive und organisationale Wissensbestände überführt werden und damit unabhängig von einzelnen Mitarbeiter:innen für das Unternehmen bewahrt und genutzt werden. Gerade ältere Mitarbeitende verfügen über viel Fach- und Erfahrungswissen, das über Best Practice geteilt, dokumentiert und im Unternehmen bewahrt werden kann.

Strategien zur Wissensteilung und Wissensnutzung	Strategien zur Wissensbewahrung
Spezifische wissensorientierte Anreizsysteme	Altersgemischte Personalstruktur
Management by Knowledge Objectives	Gezielter Aufbau von Netzwerken
Förderung unternehmensinterner Netzwerkbildung	Tandem-Modelle
Altersgemischte Arbeits- und Projektgruppen	Strukturierte Übergabe- und Austrittsgespräche
Communities of Practice	Lessons learned
Story Telling	Wissenskarten
Best Practice Sharing	Kooperation mit altersbedingt ausgeschiedenen Mitarbeiter:innen

Tabelle 14: Strategien zur Wissensteilung, Wissensnutzung und Wissensbewahrung in Unternehmen
Quelle: Vgl. Kirschten 2010, S. 269 ff.

Ein weiterer sehr wichtiger Aspekt ist die Bewahrung des Wissens derjenigen Mitarbeiter:innen, die in naher Zukunft das Unternehmen – meist aus

Altersgründen, vielleicht aber auch aufgrund eines Arbeitgeberwechsels – verlassen werden. Hier bieten sich folgende Ansatzpunkte an:

7.2.8 Altersgemischte Personalstruktur

Eine altersgemischte Personalstruktur hat den Vorteil, dass ältere Mitarbeitende ihr langjähriges Fach- und Erfahrungswissen an die jüngeren Mitarbeiter:innen weitergeben können. Andererseits können die jüngeren Mitarbeiter:innen an die Älteren ihr Wissen über neue Erkenntnisse, Technologien oder Anwendungsprogramme vermitteln. Dieser gegenseitige Wissensaustausch führt insgesamt zu einer Wissenserweiterung aller Mitarbeiter:innen im Unternehmen.

7.2.9 Gezielter Aufbau von Nachfolgern

Um das vielfältige Fach- und Erfahrungswissen der älteren Mitarbeitenden für das Unternehmen zu bewahren, ist eine gezielte und frühzeitige Planung sowie der Aufbau eines Nachfolgers sehr wichtig. Ein potenzieller Nachfolger sollte schon einige Zeit vor dem Ausscheiden des älteren Mitarbeiters (ca. ½ Jahr) mit dem älteren Kollegen bzw. der Kollegin zusammenarbeiten, um das jeweilige Aufgabengebiet kennen zu lernen, von den Erfahrungen des Älteren zu lernen, entsprechende Kompetenzen zu erwerben und sich das aufgabenspezifische Wissen anzueignen. Für den älteren Kollegen bzw. die Kollegin kann diese längerfristige Einarbeitung und Übergabe seines bzw. ihres Aufgabengebietes und des eigenen Wissens an den jüngeren Kollegen bzw. die Kollegin durchaus sinnstiftend und befriedigend sein, da die eigenen langjährigen Erfahrungen und das umfangreiche Wissen nutzbringend an den Kolleg:innen weitergegeben werden kann. Damit erfährt das eigene langjährige Fach- und Erfahrungswissen eine große Aufwertung, genauso wie der Prozess der Wissensübertragung selbst.

7.2.10 Sempai-kohai-Prinzip / Tandem-Modell

Das aus dem Japanischen stammende Sempai-kohai-Prinzip bedeutet eine längerfristige, mehrjährige Zusammenarbeit zwischen jüngeren und älteren Kolleg:innen; der bzw. die Jüngere wird dem bzw. der Älteren quasi zugeordnet. Ziel ist es, dass der bzw. die Jüngere von dem bzw. der Älteren angeleitet wird und lernt. Diese Arbeitsbeziehung kann sich auch auf das

Privatleben ausdehnen (z. B. durch gemeinsame Freizeitaktivitäten), um eine gemeinsame Vertrauensbasis zu schaffen und so den Austausch von Wissen zu fördern (vgl. Probst/Raub/Romhardt 2006, S. 200).

Auf deutsche bzw. europäische Verhältnisse lässt sich das Sempai-kohai-Prinzip gut als Tandem-Modell anwenden, bei dem ebenfalls ein:e jüngere:r einem/r älteren, bald in den Ruhestand gehenden Kolleg:in über einen längeren Zeitraum (z. B. 1 bis 2 Jahre) zugeordnet wird, um das Aufgabengebiet kennenzulernen, sein bzw. ihr Fach- und Erfahrungswissen zu lernen, Kontakte und Geschäftspartner:innen sowie bewährte Problemlösungsstrategien kennenzulernen. Die intensive und mehrjährige Zusammenarbeit fördert den Austausch und die Übertragung wichtiger impliziter und expliziter Fach- und Erfahrungswissensbestände von der oder dem älteren auf die oder den jüngeren Kolleg:in. Erfährt der Ältere eine hohe Wertschätzung und Anerkennung der eigenen Person und der eigenen Leistungen im Unternehmen, so wird die Person gerne bereit sein, ihre langjährigen Erfahrungen und Wissensbestände an den oder die Jüngere:n weiterzugeben (vgl. Kirschten 2010, S. 272 f.).

7.2.11 Strukturierte Übergabe- und Austrittsgespräche

Um das Wissen ausscheidender Mitarbeiter:innen systematisch zu dokumentieren und für das Unternehmen zu bewahren, eignen sich strukturierte Übergabe- und Austrittsgespräche. Mit Hilfe eines strukturieren Fragebogens sollten das aufgabenspezifische Fach- und Erfahrungswissen, bearbeitete Projekte, Kontakte zu Lieferant:innen, Kund:innen, Kolleg:innen sowie Dokumentationen und Aufzeichnungen der Wissensbestände abgefragt und mit Hilfe unterschiedlicher Medien (mündlich, schriftlich, elektronisch, bildlich etc.) erfasst werden. Die Einbindung des oder der zukünftigen Stelleninhabers bzw. Stelleninhaberin in die Übergabegespräche ermöglicht eine individuelle Klärung konkreter aufgabenbezogener Fragen zum Arbeitsgebiet, die Weitergabe wichtiger Informationen und Wissensbestände. Dies fördert eine umfassende Einarbeitung und gleichzeitig die Bindung des bzw. der neuen Mitarbeiter:in an das Unternehmen. Für ausscheidende Mitarbeiter:innen darf bei einem Übergabegespräch nicht der Eindruck entstehen, dass nur deren Wissen abgefragt und abgeschöpft werden soll, sondern dass deren langjährige Berufstätigkeit im Unternehmen hochgeschätzt wird und die Weitergabe des Wissens nicht nur für den oder die Nachfolger:in, sondern auch für das Unternehmen von sehr großem Wert ist.

Je entspannter, konstruktiver und offener die Atmosphäre und Gestaltung des Übergabeprozesses ist und je wertschätzender der Übergabeprozess insgesamt gestaltet wird, desto größer wird die Bereitschaft der ausscheidenden Mitarbeiter:innens zu einer konstruktiven Zusammenarbeit sein. (vgl. Kirschten 2010, S. 273).

7.2.12 Lessons learned

Lessons learned dienen dazu, gemachte Erfahrungen systematisch zu dokumentieren und damit für andere Mitarbeiter:innen und das Unternehmen insgesamt zugänglich zu machen. Die systematische Aufarbeitung und Dokumentation bisheriger Erfahrungen über erfolgreiche oder auch nicht erfolgreiche Problemlösungen, Vorgehensweisen, Prozesse etc. ermöglicht eine detaillierte Aufarbeitung individueller Erfahrungen und gleichzeitig die Zugänglichkeit und Nutzbarmachung dieses Erfahrungswissens für andere Mitarbeiter:innen und Aufgabenbereiche im Unternehmen. Scheiden ältere Mitarbeiter:innen aus dem Unternehmen aus, bleibt dieses dokumentierte Erfahrungswissen trotzdem für das Unternehmen erhalten (vgl. Kirschten 2010, S. 274).

7.2.13 Wissenskarten

Wissenskarten sind strukturierte Dokumentationen über die Orte und Träger konkreter Wissensbestände im Unternehmen. Je nach konkreter Ausgestaltung dokumentieren sie z. B. Wissensquellen, Wissensstrukturen, die Anwendung konkreter Wissensbestände oder die bisherige Weiterentwicklung von Wissen im Unternehmen. Bei der Erarbeitung dieser Wissenskarten können gerade ältere Mitarbeiter:innen wertvolle Informationen z. B. über die Weiterentwicklung von Wissen, Wissensbestände und die Wissensorte im Unternehmen liefern.

7.3 Psychische und physische Erschöpfung der älteren Mitarbeiter:innen nach jahrzehntelanger Berufstätigkeit

Viele Berufstätigkeiten, die über Jahrzehnte ausgeübt werden, verursachen im Zeitverlauf psychische und physische Erschöpfungszustände bzw. gesundheitliche Beeinträchtigungen. Das gilt insbesondere für körperlich anstrengende Berufe (z. B. im Handwerk, Baugewerbe, in der industriellen Produktion etc.). Auch wenn die Arbeitsbedingungen heute meist weniger körperlich anstrengend sind und Maschinen oder Roboter im Zuge der Digitalisierung von Arbeits- und Produktionsprozessen viele körperlich schwere oder monotone Arbeiten übernehmen, lassen sich körperliche Erschöpfungen trotz allem nicht ganz vermeiden. Doch auch weniger physisch anstrengende Beschäftigungen können über die Jahrzehnte zu psychischen Belastungen und Erschöpfungszuständen führen. Das gilt u. a. für soziale Berufe, Pflegeberufe oder auch für Lehrer:innen. Nach einem erfüllten und langen Berufsleben möchten viele ältere Menschen auch wieder mehr Zeit mit ihrer Familie verbringen und mehr Zeit für ihr Privatleben (z. B. für Reisen) oder auch Hobbies haben. Hier verlagern sich häufig die individuellen Prioritäten: das Berufsleben wird relativ weniger wichtig und die Familie und private Aktivitäten werden wichtiger und höher geschätzt. Um diesen Verschiebungen der individuellen Lebensperspektiven gerecht zu werden, die Mitarbeiter:innen aber trotzdem möglichst lange im Berufsleben und im Unternehmen zu halten, eignen sich unterschiedliche Maßnahmen.

Ältere Mitarbeiter:innen, die durch ihre jahrzehntelange Berufstätigkeit stark physisch oder psychisch beansprucht wurden und nun erschöpft sind, möchten vielleicht nicht mehr so viel arbeiten oder langsam aus dem Berufsleben ausgleiten. Hier eignen sich arbeitsorientierte Maßnahmen, wie z. B. Arbeitszeitmodelle, die älteren Mitarbeiter:innen eine reduzierte Arbeitszeit (z. B. Teilzeit) ermöglichen, Angebote zum Homeoffice oder auch Angebote zu einer Veränderung der Arbeitsinhalte, um ggf. besonders stressbelastete oder physisch anstrengende Arbeitsinhalte auszulagern und die älteren Mitarbeitenden dadurch zu entlasten.

Praxisbeispiel: Silverline bei der Audi AG
Bei der Audi AG in Neckarsulm wurde 2013 das Pilotprojekt „Silverline“ ins Leben gerufen. Es richtet sich an ältere Mitarbeiter:innen, die den Sportwagen R8 in längeren Intervallzeiten und in kleinen Gruppen fertigen. Rund 50 Mitarbeiter:innen bauen täglich 18 bis 20 Exemplare des Sportwagens zusammen. Die Arbeit in der Silverline hat den Vorteil, dass die Bewegungsabläufe komplexer, dadurch aber auch abwechslungsreicher sind. Die Arbeitsabläufe in der Silverline weisen höhere Intervallzeiten als in der Serienfertigung auf. Auch weist die Produktion mehr Handarbeit als Maschinenausstattung auf. So müssen

die Mitarbeiter:innen in 45 Minuten 50 Teile in einer bestimmten Reihenfolge zusammenbauen, wobei sie eine freiere Zeiteinteilung haben, was die physische Beanspruchung und die Stressbelastung reduziert. Besetzt ist diese Produktionsline ausschließlich mit älteren Mitarbeitenden. Der Projektname „Silverline" leitet sich nicht nur von den älteren Mitarbeitenden, sondern auch von den häufig silberfarbenden Autos ab.
Quelle: Focus Online 12.11.2013: Audi schätzt Erfahrung Älterer. In: ttps://www.focus.de/finanzen/karriere/perspektiven/demografischer_wandel/silverline_aid_53044.html. Abruf: 23.01.2021.

Für einen gleitenden Übergang in den Ruhestand eigenen sich z. B. Angebote zur Altersteilzeit, die zwar nicht mehr vom Gesetzgeber gefördert werden, jedoch sowohl für die Unternehmen als auch für die älteren Mitarbeitenden immer noch Vorteile bieten. Hier wäre auch eine Variante denkbar, dass ältere Mitarbeiter:innen aus ihrem regulären Aufgabengebiet herausgenommen werden und als Expert:innen für besonders anspruchsvolle oder schwierige Projekte eingesetzt werden, in denen ihr Expert:innen- und Erfahrungswissen außerordentlich wichtig ist. Zwischen diesen Projekten könnten kürzere „Auszeiten" verabredet werden, um genug Zeit zum Erholen zu haben und sich vielleicht auch stärker anderen Lebensbereichen zu widmen.

7.4 Interesse an zeitlich begrenzten beruflichen Engagements auch nach dem Ausscheiden aus dem Beruf

Nicht alle, die aus dem Berufsleben ausscheiden, verlagern ihre Interessensschwerpunkte auf die Familie oder andere private Lebensbereiche. Gerade bei denjenigen Menschen, die in ihrem Berufsleben sehr anspruchsvolle oder auch verantwortungsvolle Aufgabenbereiche innehatten (z. B. Führungskräfte, Geschäftsführer:innen, Vorstände, Fachexpert:innen, Spezialist:innen), dominierte häufig das Berufsleben sehr stark die anderen Lebensbereiche. Gehen diese Personen in den Ruhestand, fällt der Umstellungsprozess auf private und familiäre Lebensbereiche häufig recht schwer. Aber auch andere Ruheständler:innen, die gerne in ihrem Beruf gearbeitet haben, würden vielleicht gerne auch noch im Ruhestand ab und an mal arbeiten, weil sie sich im Ruhestand nicht ausgelastet fühlen oder weil sie ihre Rente aufbessern möchten.

Hierfür eignet sich das Instrument der „SeniorBerater:innen“ bzw. Kooperationen mit Ruheständler:innen. Haben die ehemaligen Mitarbeiter:innen eine hohe Wertschätzung ihrer Arbeit und ihrer Person im Berufsleben erfahren, so sind viele gerne bereit, ihr umfangreiches Expert:innen- und Erfahrungswissen auch im Ruhestand Unternehmen bzw. Arbeitgebern noch zur Verfügung zu stellen. Für die Unternehmen ist das auch sehr vorteilhaft, weil sie so auf qualitativ hochwertige Expert:innen für ausgewählte Projekte oder in komplexen Problemsituationen zurückgreifen können. Hierbei bieten sich vielfältige Gestaltungsformen einer Zusammenarbeit zwischen im Ruhestand befindlichen Expert:innen und den Unternehmen an. Beispielsweise könnten Ruheständler:innen zeitlich befristet für bestimmte größere Projekte angeworben werden, um umfangreichere organisationale Umstrukturierungen zu unterstützen oder um in komplexen Problemsituationen mit ihrem langjährigen Expert:innen- und Erfahrungswissen bei der Suche nach Problemlösungen zu helfen. Neben den inhaltlichen Herausforderungen bedeuten diese Beschäftigungsmöglichkeiten für Ruheständler:innen auch ein zusätzliches Einkommen, das in späteren Zeiten für andere Lebensbereiche (z. B. ausgedehnte Reisen) genutzt werden kann.

8 Generationsspezifische Maßnahmen

8.1 Maßnahmen zur Bindung von Mitarbeitenden der Generation Y

Die Mitglieder der Generation Y stehen mitten im Berufsleben und weisen meist eine mehrjährige Berufserfahrung auf. Wie bereits ausführlich vorgestellt, sind sie ausgesprochen anspruchsvoll, was die Arbeitsinhalte aber auch die Arbeitsbedingungen ihrer Berufstätigkeit angeht. Da sie sich aufgrund des steigenden Fachkräftemangels und der geringer werdenden jüngeren Nachwuchskräfte ihre Wunscharbeitgeber zunehmend aussuchen können, müssen sich die Unternehmen stärker auf die Anforderungen, Bedürfnisse und Wünsche dieser jüngeren Generation an Mitarbeiter:innen einstellen und entsprechende Angebote machen. Neben hohen Ansprüchen an ihre Arbeitgeber haben die Mitglieder der Generation Y aber auch eine hohe Leistungsbereitschaft, sind meist sehr gut ausgebildet, sehr technik-affin und innovationsorientiert und legen auf die Vereinbarkeit des Berufslebens mit der Familie und dem Privatleben sehr großen Wert. Insofern entfalten differenzierte Angebote für eine ausgeglichene Work-Life-Balance erhebliche Motivations- und Leistungsanreize, binden die Mitglieder der Generation Y aber auch stärker an das Unternehmen. Geeignete Maßnahmen für Mitarbeiter:innen der Generation Y sind u. a. in der Tabelle 15 zusammengefasst.:

Maßnahmen für Mitarbeiter:innen der Generation Y	
Unternehmenskultur	wichtige Werte: Offenheit, Toleranz, Innovationsfähigkeit, Flexibilität, Internationalität u.a.
arbeitsorientierte Maßnahmen	abwechslungsreiche Arbeitsinhalte mit Gestaltungs- und Handlungsspielräumen
	flexible Arbeitsortmodelle (Homeoffice, mobiles Arbeiten, 4-Tage-Woche, relative Unabhängigkeit vom festen Arbeitsort durch I+K-Technologien, insb. Internet
	flexible Arbeitszeitmodelle (Teilzeit, flexible Arbeitszeiten, Entgrenzung der Arbeit, Freiraum für Privates, Sabbaticals)
Anreizsysteme	materiell immateriell Sozialleistungen
Personalentwicklung	Qualifikationsangebote (internationale) Karriereperspektiven
Serviceleistungen	Haushaltsdienstleistungen, Einkaufsservice

Tabelle 15: Maßnahmen für Mitarbeiter:innen der Generation Y

8.1.1 Unternehmenskultur

Mitglieder der Generation Y fühlen sich eher angesprochen von Unternehmen, deren Unternehmenskultur Werte betont wie z. B. Toleranz, Offenheit, Leistungsorientierung, Vielfalt und Innovation sowie Verantwortung für die Gesellschaft und die Umwelt.

8.1.2 Arbeitsorientierte Maßnahmen

Wichtige Ansatzpunkte für Maßnahmen zur Vereinbarung der Berufstätigkeit mit der Familie und dem Privatleben von Mitgliedern der Generation Y bestehen im Bereich der Arbeitsinhalte, der Arbeitsorte sowie der Arbeitszeiten. Hinsichtlich der Arbeitsinhalte legen Mitarbeiter:innen der Generation Y viel Wert auf interessante, anspruchsvolle und sinnstiftende Aufgabenbereiche. Dabei wünschen sie sich auch umfangreiche Gestaltungs- und Handlungsspielräume. Entsprechend sollten Aufgabenbereiche – sofern möglich – in größeren inhaltlichen Zusammenhängen konzipiert werden, so dass einerseits ein ganzheitlicher interessanter Aufgabenbereich entsteht, für den die jeweiligen Mitarbeiter:innen oder die Arbeitsgruppe auch selbst verantwortlich ist, andererseits ausreichende aufgabenbezogene Gestaltungs- und Handlungsspielräume bestehen, um den Mitarbeiter:innen eigene kreative Gestaltungsmöglichkeiten des Aufgabenbereichs gewähren zu können. Dies bedeutet für viele Unternehmen ein erhebliches Umdenken, birgt aber die Chance auf eine Weiterentwicklung der Organisations- und Ablaufstrukturen mit deutlichen Effizienzverbesserungen.

Die modernen und digitalen Informations- und Kommunikationstechnologien erlauben heute in vielen Berufsfeldern und -tätigkeiten eine hohe Unabhängigkeit der Aufgabenerfüllung vom Arbeitsort. So wünschen sich auch viele Mitarbeiter:innen der Generation Y eine flexiblereArbeitsortgestaltung bzw. eine größere Mobilität bei ihrer Aufgabenerfüllung. Hier sollten Konzepte der flexiblen Arbeitsortgestaltung (z. B. Telearbeit, Homeoffice, mobiles Arbeiten) angeboten werden und idealerweise auch auf die individuellen Bedürfnisse der Mitarbeiter:innen angepasst werden.

Auch hinsichtlich der Arbeitszeit wünschen sich Mitarbeiter:innen der Generation Y eine hohe Flexibilität. Dafür sind viele von ihnen auch bereit, abends oder am Wochenende zu arbeiten. Diesem Wunsch sollten Unternehmen mit entsprechenden Angeboten zur flexiblen Arbeitszeitgestaltung entsprechen, wobei auch hier die Berücksichtigung der individuellen Wünsche und Besonderheiten sowohl des Aufgabenbereichs als auch der Lebenssituation des Mitarbeiters oder der Mitarbeiterin wichtig sind.

8.1.3 Anreizsysteme

Die hohe Leistungsbereitschaft und -fähigkeit der Mitarbeiter:innen der Generation Y sollte durch geeignete Anreizsysteme gefördert werden (vgl. Abbildung 13). Gefragt sind hier sowohl materielle (z. B. leistungsorientierte Vergütung, betriebliche Sozialleistungen, Erfolgs- und Kapitalbeteiligungen) als auch immaterielle (z. B. Arbeitsinhalte, Gestaltung von Arbeitsplatz, -ort und -zeit, Entwicklungsmöglichkeiten) Anreize.

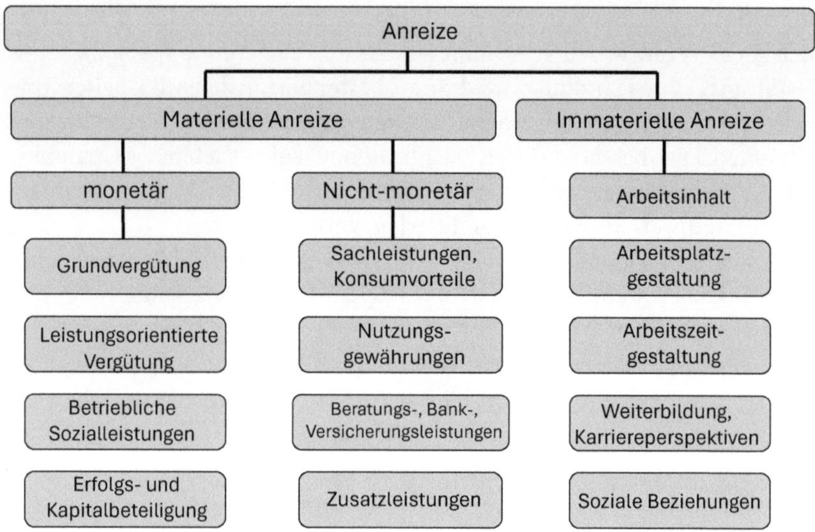

Abbildung 13: Betriebliches Anreizsystem.
Quelle: Stopp/Kirschten 2012, S. 261.

Wichtig ist auch eine stärkere Ergebnisorientierung bei der Bewältigung der Arbeitsaufgaben anstatt der noch weit verbreiteten Arbeitszeitorientierung. Mit Hilfe von Zielabsprachen lassen sich konkrete Arbeitsinhalte bzw. -ergebnisse vereinbaren, die innerhalb eines bestimmten Zeitraums (z. B. innerhalb einer Woche oder eines Monats) erreicht werden sollen.

Viel Wert legen Mitarbeiter:innen der Generation Y auch auf Weiterbildungsmöglichkeiten. Entsprechende Angebote und Unterstützungsleistungen durch die Unternehmen leisten auch einen Beitrag zur höheren Arbeitszufriedenheit damit auch zu einer stärkeren Bindung an den Arbeitgeber.

8.1.4 Anerkennung und Kritik

Für ihre berufliche Zufriedenheit brauchen Mitarbeitende der Generation Y häufige Rückmeldungen über die Güte ihrer Leistungen. Für sehr gute Leistungen erwarten sie auch eine umfangreiche Anerkennung, allerdings können sie auch mit Kritik umgehen, wenn ihre Leistungen nicht den Erwartungen der Vorgesetzten entsprechen. Hier gilt es, geeignete und differenzierte Instrumente zur Anerkennung und Kritik von Mitarbeiter:innenleistungen zu entwickeln und einzusetzen.

8.1.5 Serviceleistungen

Aufgrund ihrer hohen und zeitlich flexibeln Arbeitsbereitschaft durch Laptop, Smartphone, Internet etc. sind den Mitarbeitenden der Generation Y Serviceleistungen (z. B. Einkaufsservice, Wäsche- bzw. Bügelservice, Behördengängen etc.) von Seiten der Unternehmen durchaus willkommen, um ihre recht knappe, aber wertvolle Freizeit nicht mit lästigen Haushaltspflichten oder anderen abgebbaren Pflichten zu vergeuden. Insofern wird ein unternehmensseitiges Angebot an haushaltsnahen oder auch sonstigen Serviceleistungen gerne von den Generation Y-Mitarbeiter:innen in Anspruch genommen (vgl. z. B. Serviceleistungen bei Google).

8.2 Maßnahmen zur Bindung von Mitarbeitenden der Generation Z

Bislang ist erst ein Teil der Mitglieder der Generation Z im Berufsleben angekommen. Die bisherigen Erfahrungen mit den Werthaltungen und Arbeitseinstellungen der Generation Z weisen darauf hin, dass ihnen vor allem wichtig ist, ihr Arbeitsleben klar von ihrem Privatleben abzugrenzen. Sie wünschen sich eher eine Work-Life-Separation anstatt einer Work-Life-Balance. Daher sind für Generation Z vor allem diejenigen Maßnahmen wichtig, die sie bei der deutlichen Abgrenzung ihrer Arbeitswelt von ihren privaten Lebenswelten unterstützen. Dazu gehören beispielsweise klare Vereinbarungen und Absprachen über Arbeitszeiten, Bezahlung von Überstunden und vor allem Zeiten der Nichterreichbarkeit. Ebenso wichtig sind verbindliche und unbefristete Beschäftigungsverhältnisse sowie das Angebot von Teilzeitbeschäftigungen. Auch der Wunsch nach einer 4-Tage-Woche nimmt in der Praxis deutlich zu. Im Hinblick auf das Arbeitsklima sind der Generation Z ein angenehmes und freundliches Arbeitsklima sowie nette Kolleg:innen wichtig, mit denen sie gerne zusammenarbeiten. Inhaltlich wünschen sich die Mitglieder der Generation Z anspruchsvolle und sinnstiftende Aufgaben, gerne auch Teamarbeit und Projektarbeit. Für ihre Arbeitsleistungen erwarten sie eine angemessene und durchaus auch kurzfristigere Anerkennung durch ihre Kolleg:innen und Vorgesetzten. Zusammenfassend sind wesentliche Maßnahmen zur Verbesserung der Work-Life-Balance bzw. hier auch der Work-Life-Separation, aber auch zur stärkeren Unternehmensbindung für die Generation Z in der Tabelle 16 zusammengefasst.

Maßnahmen für Mitarbeiter:innen der Generation Z	
Unternehmens-kultur	wichtige Werte: Offenheit, Toleranz, Innovationsfähigkeit, Flexibilität, Internationalität, gesellschaftliche Verantwortung, Nachhaltigkeit u.a.
Betriebsklima	Freundliches und konstruktives Arbeitsklima, nette Kolleg:innen
Arbeitsmodelle	Arbeitsmodelle mit verbindlichen Arbeitszeiten und Zeiten der Nichterreichbarkeit. Work-Life-Separation Angebot von Teilzeitmodellen und Sabbaticals ist wichtig
Arbeitsorientierte Maßnahmen	Abwechslungsreiche, sinnstiftende Arbeitsinhalte mit Gestaltungs- und Handlungsspielräumen Umfassende Unterstützung durch digitale Technologien Entwicklungsmöglichkeiten, Partizipation an Entscheidungsprozessen Anerkennung der eigenen Individualität und Arbeitsleistungen
Anreizsysteme	Materielle und immaterielle Anreize sind wichtig
Personalentwicklung	Qualifikationsangebote, Karriereperspektiven

Tabelle 16: Maßnahmen für Mitarbeiter:innen der Generation Z

9 Maßnahmen zur Unterstützung und Bindung von Führungskräften

Im Hinblick auf mitarbeiter:innenorientierte Maßnahmen zur Verbesserung der Work-Life-Balance sowie der Unternehmensbindung sind Führungskräften zweifach betroffen.

Erstens gehört es zu ihren Aufgaben als Führungskraft und Vorgesetzte:r, sich u. a. um die Belange und das Wohlergehen ihrer Mitarbeitenden zu kümmern. Dazu gehört auch eine Sensibilität für psychische und physische Arbeitsüberlastungen der unterstellten Mitarbeitenden, zu viele Überstunden sowie einem mangelnden Ausgleich zwischen der Berufstätigkeit und dem Familien- und Privatleben der Mitarbeitenden. Diese Sensibilität sollte in entsprechenden Führungskräftetrainings (z. B. Sensibilitätstrainings, Awareness-Trainings) deutlich gefördert werden.

Mit der Vergabe von Arbeitsaufträgen, regelmäßigen Mitarbeiter:innengesprächen, Zielvereinbarungen, Rückkehrgesprächen sowie weiteren Instrumenten der direkten und indirekten Mitarbeiter:innenführung haben die Vorgesetzten vielfältige Möglichkeiten und Instrumente, die Arbeitsbelastungen ihrer Mitarbeiter:innen zu beeinflussen und bei erkennbaren Überlastungen steuernd einzugreifen. Zusätzlich haben sie häufig die Gestaltungsspielräume, um beispielsweise flexible Arbeitskonzepte zu gestalten und ihren Mitarbeiter:innen anzubieten (z. B. flexible Arbeitszeit- und Arbeitsortmodelle).

Auch die Vorbildfunktion von Führungskräften ist nicht zu unterschätzen. So signalisieren Führungskräfte, die selbst auf ihre Work-Life-Balance achten ihren Mitarbeiter:innen, dass sie ebenfalls Spielräume haben, um ihre eigene Work-Life-Balance zu verbessern. Und dass von ihnen nicht erwartet wird, sich ausschließlich und grenzenlos für ihre Berufstätigkeit bzw. ihr Unternehmen zu engagieren. Andersherum wird auch signalisiert, dass private Lebensbereiche respektiert und als wichtig erachtet werden.

Zweitens ist auch für Führungskräfte eine ausgeglichene Work-Life-Balance wichtig. Zwar ist der Anteil an Führungskräften, der erhebliche Überstunden macht und bei dem das Berufsleben deutlich dominiert, immer noch sehr hoch, allerdings sind auch andere Tendenzen mittlerweile deutlich erkennbar. So möchte sich ein steigender Anteil an Führungskräften neben einer anspruchsvollen beruflichen Position auch um die eigene Familie und die eigenen Kinder kümmern und auch ein erfülltes Privatleben (z. B. Sport als Hobby und Ausgleich) haben. Die Diskussion um weibliche Führungskräfte zeigt deutlich, dass hier ein großer Bedarf an Work-Life-Balance-Maßnahmen besteht, um die eigene berufliche Karriere mit einem gewünschten Familienleben und ggf. mit eigenen Hobbies vereinbaren zu können. Wichtige Ansatzpunkte liegen hier u. a. in der Entwicklung von flexiblen Arbeitszeit- und Arbeitsortkonzepten zur Erhöhung der Work-Life-Balance.

Ein bislang noch sehr kontrovers diskutiertes Thema ist in diesem Zusammenhang die Teilzeitbeschäftigung von Führungskräften. Obwohl es mehrere, auch schon ältere Studien zu diesem Thema gibt (z. B. Strümpel et al. 1988), sind teilzeitarbeitende Führungskräfte in der Praxis noch kaum verbreitet. Zentraler Grund hierfür ist das klassische Rollenbild einer (männlichen) Führungskraft, die immer präsent bzw. ansprechbar ist, lange arbeitet, auch bis spät in den Abend und am Wochenende und damit eigentlich unabkömmlich ist. Natürlich ist eine umfangreiche Erreichbarkeit und Ansprechbarkeit Voraussetzung dafür, dass die zu führenden Mitarbeiter:innen immer eine:n Ansprechpartner:in für ihre Aufgabenbereiche haben, Entscheidungen zeitnah getroffen und Probleme schnell gelöst werden können. In unserer heutigen digital geprägten Welt ermöglichen die vielfältigen und leistungsfähigen digitalen Informations- und Kommunikationstechnologien eine ständige orts- und zeitunabhängige Erreichbarkeit. Darüber hinaus ließen sich die Anforderungen an die Erreichbarkeit von Führungskräften auch mit teilzeitarbeitenden Führungskräften oder mit Job-Sharing-Modellen gut erfüllen. Die Konzepte gibt es, in der Praxis sind sie jedoch bislang kaum verbreitet.

Auch die Vorstellung, dass sich eine (männliche) Führungskraft für einige Monate in Elternzeit begibt und anschließend wieder kommt, passt bislang noch kaum in das Rollenbild einer Führungskraft, schon gar nicht einer männlichen Führungskraft. Diejenigen Führungskräfte, die versuchen dieses Rollenbild zu verändern und z. B. durch Elternzeiten auch ihrer Familie mehr Zeit und Aufmerksamkeit beizumessen, haben häufig noch mit gravierenden Nachteilen und deutlich schlechteren Karriereperspektiven zu kämpfen. Hier bedarf es neuer Vorbilder, die helfen, die tradierten Rollenbilder aufzubrechen und den aktuellen Wünschen und Bedürfnissen der Führungs(-nachwuchs-)kräfte anzupassen. Erst wenige Unternehmen setzen Konzepte für teilzeitarbeitende Führungskräfte um. Diese werden jedoch belohnt durch eine hohe Loyalität und Bindung der Führungskräfte an ihre Arbeitgeber.

Für Unternehmen sollten die Führungskräfte als Zielgruppe von Work-Life-Balance-Maßnahmen und Bindungsmaßnahmen jedoch außerordentlich hohe Beachtung finden, weil gerade Führungskräfte aufgrund ihrer häufig sehr hohen psychischen Belastung (Verantwortung, Zeitdruck, Stress, Vielfalt der Aufgaben und Anforderungen) nicht selten physisch und psychisch krank werden und dann ggf. langfristig dem Unternehmen nicht mehr zur Verfügung stehen.

10 Serviceorientierte Maßnahmen

Zu den serviceorientierten Maßnahmen zählen Dienstleistungen, die die Mitarbeiter:innen bei ihren außerberuflichen Aufgaben entlasten. Dazu gehört z. B. eine Essensversorgung im Unternehmen „rund um die Uhr“ vom Frühstück über Mittagessen, Kaffee und Kuchen bis zum Abendbrot. Aber auch andere Dienstleistungen, wie z. B. (Lebensmittel-)Einkauf, Bügelservice und Reinigungsdienstleistungen, Autowaschen, Massagen etc. sind bei den Mitarbeitenden beliebt. Diese meist ungeliebten Aufgaben können Unternehmen als (externe) Dienstleistungen gegen Entgelt anbieten. Dadurch werden die Mitarbeiter:innen zeitlich entlastet, was einerseits der Konzentration auf die betriebliche Leistungserfüllung zugutekommt und andererseits mehr Zeit für familiäre und private Aktivitäten bzw. Aufgaben ermöglicht. Vor allem größere Unternehmen bieten umfangreichere Serviceleistungen an, beispielhaft sei hier Google zu nennen, aber auch die Komsa AG in Hartmannsdorf bei Chemnitz.

11 Gesundheitsorientierte Maßnahmen

Die neuen Herausforderungen der Berufswelt, die neuen digitalen Technologien, die optimierten Arbeitsprozesse und flachere Hierarchien haben zu veränderten Arbeitsbedingungen und neuen Anforderungen an die Mitarbeiter:innen geführt (Stock-Homburg 2019). Für viele Mitarbeitende sind mittlerweile ein Arbeiten unter Termindruck, dauerhaft (zu) hohe Arbeitsbelastungen, Überstunden sowie eine erwartete große persönliche und zeitliche Flexibilität ganz normale Arbeitsbedingungen (vgl. Stock-Homburg 2008, S. 678), die allerdings auf die Dauer krank machen.

Um ihre Mitarbeiter:innen vor dauerhaften Überlastungen mit entsprechenden gesundheitlichen Beeinträchtigungen und langen Fehlzeiten im Unternehmen zu schützen, bedarf es nicht nur eines Arbeits- und Gesundheitsschutzes, der sich vorrangig auf die physischen Überlastungen durch die Arbeit bezieht, sondern eines umfassenden betrieblichen Gesundheitsmanagements in den Unternehmen. Ein solches Gesundheitsmanagement umfasst die Planung und Umsetzung aller Maßnahmen, die zur langfristigen psychischen und physischen Gesundheit und Leistungsfähigkeit der Mitarbeiter:innen beitragen und gleichzeitig die Bindung der Mitarbeitenden an das Unternehmen stärken (vgl. Meifert/Kesting 2004, S. 8; Stock-Homburg 2008, S. 678; Stock-Homburg 2019, S. 827 ff.).

Ein betriebliches Gesundheitsmanagement erstreckt sich auf die drei Phasen der Prävention, der Intervention und der Rehabilitation (vgl. Tabelle 17) (vgl. Stock-Homburg 2008, S. 702 f.; Stock-Homburg 2019, S. 827 ff.).

Die Phase der Prävention umfasst den Zeitraum, bevor Mitarbeiter:innen psychische oder physische Beeinträchtigungen erleiden. Ziel ist es hier, durch vorbeugende Maßnahmen mögliche arbeitsbedingte Beeinträchtigungen von vornherein zu vermeiden. Unternehmen können sich in dieser Phase durch vielfältige Maßnahmen stark für ihre Mitarbeiter:innen engagieren.

Die Phase der Intervention umfasst den Zeitraum, in dem Mitarbeiter:innen bereits psychische und physische Beeinträchtigungen erlitten haben und psychologische und oder medizinische Hilfe erfahren. Ziel ist hier, die Mitarbeiter:innen für bestehende Beeinträchtigungen zu sensibilisieren, ihnen professionelle Hilfe zu vermitteln und sie bei ihrem Genesungsprozess zu unterstützen. Unternehmen können in dieser Phase schwerpunktmäßig sensibilisierend und unterstützend wirken, die konkrete medizinische Behandlung obliegt jedoch den externen medizinischen Fachleuten.

Die Phase der Rehabilitation umfasst den Zeitraum, indem die erkrankten Mitarbeiter:innen wieder stabilisiert und weitgehend gesundet sind und wieder in den Arbeitsprozess eingegliedert werden können. Wesentliche Ziele bestehen in dieser Phase darin, die Mitarbeiter:innen durch gute oder auch veränderte Arbeitsbedingungen bei der Wiederherstellung ihres psychischen Gleichgewichts sowie bei der Wiedereingliederung in den Arbeitsprozess zu unterstützen.

Phasen und Ansatzpunkte für ein betriebliches Gesundheitsmanagement			
	Prävention	**Intervention**	**Rehabilitation**
Zeitpunkt	Vor Eintritt einer Beeinträchtigung	Während der Beeinträchtigung	Nach Eintritt der Beeinträchtigung
Ziele	Vorbeugen physischer und psychischer Beeinträchtigungen. Förderung der physischen und psychischen Gesundheit	Unterstützung der Behandlung physischer und psychischer Belastungsfolgen	Unterstützung bei der Wiederherstellung des physischen und psychischen Wohlbefindens Integration
Maßnahmen	Fitness-Kurse, Bewegung, Ernährungs- und Suchtberatung, Gesundheitschecks, Selbstmanagementtechniken, Förderung der Resilienz der Mitarbeitenden	Sensibilisierung der Führungskräfte, Mitarbeiter:innen und der Betroffenen für Belastungen. Arbeitsbezogene Entlastung + Unterstützung. Professionelle Hilfe wichtig!	Wiedereingliederung in den Arbeitsprozess. Unterstützung, Entlastungen, Arbeitsumverteilung

Tabelle 17: Phasen und Ansatzpunkte für ein betriebliches Gesundheitsmanagement. Quelle: erweitert von Stock-Homburg 2008, S. 703; 2019.

Neben den Phasen des betrieblichen Gesundheitsmanagements lassen sich verschiedene Handlungsfelder des betrieblichen Gesundheitsmanagements unterscheiden, in denen das Unternehmen Maßnahmen zur Unterstützung der Gesundheit seiner Mitarbeiter:innen initiieren kann (vgl. Abbildung 14). In der Unternehmensebene werden die Rahmenbedingungen für einen möglichst gesundherhaltenden Umgang mit den Mitarbeiter:innen gestaltet. Die soziale Ebene spiegelt die zwischenmenschlichen Kontakte zwischen Führungskräften, Mitarbeiter:innen und Kolleg:innen, sowie Unterstützungsmöglichkeiten durch das familiäre Umfeld und Freunde bzw. Bekannte. Die psychische Ebene umfasst Verarbeitungsstrategien und Techniken des Selbstmanagements, um mit Arbeitsbelastungen gesundheitsverträglich umzugehen. Auf der physischen Ebene stehen dagegen Strategien der Ernährung, Bewegung und des Suchtverhaltens im Vordergrund, um Arbeitsbelastungen dauerhaft standzuhalten. (vgl. Stock-Homburg 2008, S. 704 f.).

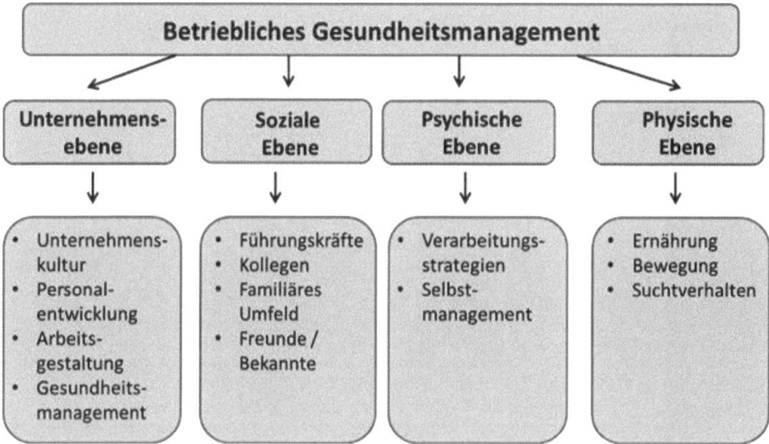

Abbildung 14: Handlungsfelder des betrieblichen Gesundheitsmanagements

Wichtige Ansatzpunkte und exemplarische Maßnahmen in den verschiedenen Ebenen und Phasen sind in der folgenden Tabelle zusammengestellt.

Ansatzpunkte und exemplarische Maßnahmen des betrieblichen Gesundheitsmanagements auf der Unternehmensebene			
	Prävention	**Intervention**	**Rehabilitation**
Unternehmenskultur	Offener und konstruktiver Umgang mit psychischen und physischen Arbeitsbelastungen Explizite Erwünschtheit der Vermeidung psychischer und physischer Belastungen und Beeinträchtigungen Vorleben eines gesundheitlich verträglichen Arbeitens	Psychische und physische Beeinträchtigungen werden nicht als Schwäche gewertet, sondern als ernstzunehmende Probleme, für die entsprechende Lösungsmöglichkeiten gesucht und angeboten werden	
Personalentwicklung	Kontinuierliche Weiterentwicklung von FK und MA durch Maßnahmen der Arbeitsstrukturierung (Job Enlargement, Job Enrichment, Job Rotation Coaching	Coaching von Führungskräften und Mitarbeiter:innen	Wiedereingliederung von Mitarbeiter:innen, die aufgrund psychischer oder physischer Probleme vorübergehend aus dem Arbeitsprozess ausgeschieden sind
Arbeitsgestaltung	Flexibilisierung der Arbeitsorganisation (z. B. Arbeitszeit, Arbeitsort) Unterstützung durch Zusatzleistungen (räumliche Gestaltung der Arbeitsorganisation, psychologische + medizinische Betreuung		
Gesundheitsmanagement	Gesundheits-Checks, Beratung, Ernährungsprogramme, Sportangebote, Gesundheitszirkel		

	Soziale Ebene		
Führungskräfte	Konstruktives Feedback über Leistungen (fördert Stressabbau) Anerkennung guter Leistungen Regelmäßige Zielvereinbarungsgespräche, Mentoring-Programme	Offene Gespräche über Überlastungen führen Arbeitsentlastungen schaffen (z. B. durch Umverteilung von Aufgaben) Arbeitsdruck (zeitlich, inhaltlich) entschärfen Mentoring-Programme	Entlastende Umstrukturierung der Arbeitsorganisation und Aufgabenbereiche Zeitliche Freiräume schaffen Zusätzliche Erholungszeiten ermöglichen Klare Begrenzung der Arbeitszeit Mentoring-Programme
Kolleg:innen	Teamentwicklung Förderung der Kommunikation Bildung sozialer Netzwerke	Arbeitsbezogene Entlastungen durch Kolleg:innen Ansprechen wahrgenommener Überlastungen und deren Auswirkungen Unterstützung durch soziale Netzwerke	Unterstützung durch soziale Netzwerke Entlastung durch Teamarbeit
Familiäres Umfeld	Familientage Klare Abgrenzung der Arbeitszeit von der Familienzeit Zeit für Familie nehmen	Umfassende psychologische und physische Unterstützung Ausgleich und Entspannung durch Familie	Klare Abgrenzung von Familienzeiten (z. B. abends, am Wochenende)
Freunde / Bekannte	Soziale Netzwerke Zeit für Freunde / Bekannte nehmen Hobbies pflegen	Psychologische Unterstützung, Ausgleich	Zeit für private Aktivitäten mit Freunden/Bekannten

	Psychische Ebene		
Verarbeitungs-strategien	Selbstkontrolle (im Umgang mit Arbeitsaufgaben) Arbeitsdruck relativieren Probleme / Belastungen positiv werten (Chancen, Lerneffekte) Selbstvertrauen in die eigenen Leistungen, Optimismus in schwierigen Situationen Förderung der Resilienz der Mitarbeitenden	Selbst Verantwortung übernehmen für eigenes Arbeitsverhalten Selbstkritik üben Arbeitsbezogenes Selbstvertrauen stärken Zufriedenheit mit eigenen Leistungen Überzogene Arbeitsanforderungen relativieren	Arbeitsbezogene Selbstkontrolle Selbstvertrauen in eigene Leistungsfähigkeit Zu hohe Arbeitsanforderungen erkennen und Entlastungsmöglichkeiten suchen
Selbstmanagement	Konzeptioneller Arbeitsstil (Festlegen von Zielen, Prioritäten, klare Tagesplanung, systematisches Arbeiten) Schreibtischorganisation Zeitmanagement, strukturiertes Arbeiten, Berücksichtigung der persönlichen Leistungsfähigkeit im Tagesablauf	Identifikation von Schwachstellen im Selbstmanagement Angebote zur Verbesserung des Selbstmanagements	Angebote zur Verbesserung des Selbstmanagements
	Physische Ebene		
Ernährung	Ernährungsberatung Vielfältige Essensangebote aus ökologisch kontrolliertem Anbau in der Kantine,	Konkrete Beratungsangebote, Kurse für gesunde Ernährung	Konkrete / individuelle Ernährungsberatungsangebote

Bewegung	Bewegungs-Checks, Beratungen zum Thema Bewegung, Sportangebote Zuschüsse zu privaten Sportaktivitäten Regelmäßige Betriebsausflüge	Konkrete Beratungs- und Bewegungsangebote	Konkrete Bewegungsangebote

Tabelle 18: Ansatzpunkte und exemplarische Maßnahmen des betrieblichen Gesundheitsmanagements

Literaturverzeichnis

Antoni, C. (1996): Teilautonome Arbeitsgruppen. Ein Königsweg zu mehr Produktivität und einer menschengerechteren Arbeit? Weinheim 1996.

Antoni, C. (2009): Gruppenarbeitskonzepte. In: Rosenstiel, L. v.; Regnet, E.; Domsch, M. E. (Hrsg.): Führung von Mitarbeitern. Handbuch für erfolgreiches Personalmanagement, 6. überarbeitete Auflage. Stuttgart 2009, S. 336–343.

Antoni, C.: 1990): Qualitätszirkel als Modell partizipativer Gruppenarbeit. Analyse der Möglichkeiten und Grenzen aus der Sicht betroffener Mitarbeiter. Bern u. a. 1990.

Bäcker, G. (2004): Berufstätigkeit und Verpflichtungen in der familiären Pflege – Anforderungen an die Gestaltung der Arbeitswelt. In: Badura, B.; Schellschmidt, H.; Vetter, C. (Hrsg): Fehlzeiten Report 2003. Berlin, Heidelberg 2004, S. 131–146.

BAuA (Bundesanstalt für Arbeitsschutz und Arbeitsmedizin) (2018a): Orts- und zeitflexibles Arbeiten: Gesundheitliche Chancen und Risiken, 2. Auflage, Dortmund, Berlin, Dresden 2018.

Berthel, J.; Becker, F. (2010): Personal-Management, 9. vollständig überarbeitete Auflage. Stuttgart 2010.

BMFSFJ (Bundesministerium für Familie, Senioren, Frauen und Jugend) (Hrsg.) (2004): Betrieblich unterstützte Kinderbetreuung. Berlin 2004.

BMFSFJ (Bundesministerium für Familie, Senioren, Frauen und Jugend) (Hrsg.) (2008): Studie: Erfahrung rechnet sich. Aus Kompetenzen Älterer Erfolgsgrundlagen schaffen, Berlin 2008.

BMFSFJ (Bundesministerium für Familie, Senioren, Frauen und Jugend) (2014) 04.06.2014. In: www.bmfsfj.de/bmfsfj/aktuelles/alle-meldungen/elterngeldplus--moderne-familienpolitik-setzt-auf-partnerschaftlichkeit/73836. Abruf: 03.10.2020.

BMFSFJ (Bundesministerium für Familie, Senioren, Frauen und Jugend) (2020): www.bmfsfj.de/bmfsfj/themen/familie/familienleistungen/elterngeld/elterngeld-und-elterngeldplus/73752. Abruf: 04.10.2020

BMFSFJ 2019: Familienfreundliche Unternehmenskultur. 4. Auflage 2019. BMFSFJ 2024: Familie und Arbeitswelt. In: www.bmfsfj.de/bmfsfj/themen/familie/familie-und-arbeitswelt. Abruf: 31.05.2024.

Bottel, M; Gajewski, E.; Potempa, C.; Şahinol, M.; Schulz-Schaeffer, I.: (2016): Offshoring und Outsourcing von Arbeitstätigkeiten, insbesondere von Telearbeit und Tätigkeiten der Softwareentwicklung. Ein Literaturbericht Technical University Technology Studies Working Papers TUTS-WP-1-2016.

Breisig, Thomas (1990): Betriebliche Sozialtechniken. Handbuch für Betriebsrat und Personalwesen, Neuwied, Frankfurt a. M. 1990.

Brox, H.; Rüthers, B.; Henssler, M. (2004): Arbeitsrecht, 16. Auflage. Stuttgart u. a. 2004.

Brückner, S. (2020): Moderne Bürokonzepte. Diese 7 Arbeitsplätze sind neu. Wexim, 24.01.2020. In: https://wexim.de/moderne-burokonzepte-7-neue-arbeitsplaetze/. Abruf: 19.01.2021.

Bruggemann, M. (2000): Die Erfahrung älterer Mitarbeiter als Ressource. Wiesbaden 2000.

Bröckermann, R. (2009): Personalwirtschaft. Lehr- und Übungsbuch für Human Resource Management, 5. überarbeitete Auflage. Stuttgart 2009.

Bungard, W. (1992): Qualitätszirkel in der Arbeitswelt. Göttingen 1992.

Dark Horse Innovation (Hrsg.) (2018): New Workspac Playbook, Hamburg 2018.

Deloitte (2018): Studie: Neue Arbeitswelt: anspruchsvoll, flexibel und digital. Wie wollen Mitarbeiter morgen arbeiten? In: www2.deloitte.com/de/de/pages/huma n-capital/articles/neue-arbeitswelt-studie.html. Abruf: 23.01.2021.

Destatis Elternzeit (2020): www.destatis.de/DE/Themen/Arbeit/Arbeitsmarkt/Quali taet-Arbeit/Dimension-3/elternzeit.html. Abruf: 03.10.2020

Emery, F.; Thorsrud, E. (1976): Democracy at work. Leiden 1976.

Erfolgsfaktor Familie (2021): Förderprogramm betriebliche Kinderbetreuung. In: www.erfolgsfaktor-familie.de/das-foerderprogramm-betriebliche-kinderbetr euung.html. Abruf:21.01.2021.

Erfolgsfaktor Familie (2021a): Vereinbarkeit von Beruf und Pflege: So gelingt die Umsetzung im Unternehmen. In: www.erfolgsfaktor-familie.de/beruf-und-pfleg e/so-entwickeln-sie-passende-massnahmen.html. Abruf: 21.01.2021.

Erkelenz, B. (2008): Projektgruppe und Task Force Group. In: Bröckermann, R.; Müller-Vorbrüggen, M. (Hrsg.): Handbuch Personalentwicklung: Praxis der Personalbildung, Personalförderung und Arbeitsstrukturierung, 2. Auflage. Stuttgart 2008, S. 543–556.

Familienservice (2005): Eldercare – umfassende Beratung in allen Fragen der Betreuung von pflegebedürftigen Menschen und Vermittlung von Betreuungslösungen, Stand: 2005. In: www.familienservice.de/xi-400-0-1000-95-0-de.html (Abruf: 21.11.2005).

Fauth-Herkner, A. (2001): Entwicklung und Umsetzung eines optimalen Arbeitszeitmanagements. In: Marr, R. (Hrsg.): Arbeitszeitmanagement, 3. Auflage. Berlin 2001, S. 69–82.

FAZ 03.09.2020: Die meisten machen im Homeoffice Überstunden. Von Philip Plickert, London 03.09.2020. In: www.faz.net/aktuell/wirtschaft/home-office-die-meisten-arbeitnehmer-machen-ueberstunden-16936740.html. Abruf: 16.01.2021.

Hackman, J. R.; Oldham, G. R. (1975): Development of the Job Diagnostic Survey. In: Journal of Applied Psychology, 60/1975, S. 57–71.

Hamm, I. (2001): Flexible Arbeitszeiten in der Praxis, 2. Auflage. Frankfurt a. M. 2001.

Hellert, U. (2014): Arbeitszeitmodelle der Zukunft. Arbeitszeiten flexibel und attraktiv gestalten. Freiburg, München 2014.

Hoff, A. (2002): Vertrauensarbeitszeit: einfach flexibel arbeiten. Wiesbaden 2002.

Holtbrügge, D. (2007): Personalmanagement, 3. überarbeitete und erweiterte Auflage. Berlin u. a. 2007.

Holtbrügge, D. (2018): Personalmanagement, 7. überarbeitete und erweiterte Auflage. Berlin u. a. 2018.

Homburg, C.; Pflesser, C. (2000): A Multiple-Layer Model of Market-Oriented Organizational Culture: Measurement Issues and Performance Outcomes. In: Journal of Marketing Research, 37, 4/2000, S. 449–462.

INQA (Initiative neue Qualität der Arbeit) (2005): Demografischer Wandel und Beschäftigung. Plädoyer für neue Unternehmensstrategien. Memorandum, 2. aktualisierte Auflage. Dortmund 2005.

Jäckel, H. (2003): Organisationsentwicklung aus Sicht der Führungskraft (OE). In: Rosenstiel, L. v.; Regnet, E.; Domsch, M. E. (Hrsg.): Führung von Mitarbeitern, 5. Überarbeitete Auflage. Stuttgart 2003, S. 639–649.

Jäger, S. (2006): Mitarbeiterbindung. Saarbrücken 2006.

Jung, H. (2008): Personalwirtschaft, 8. aktualisierte und überarbeitete Auflage. München 2008.

Katzenbach, J. R.; Smith, D. K. (1993): The Wisdom of Teams: Creating the High-performance Organization. Boston 1993.

Kirschten, U. (2010): Wissensmanagement im demografischen Wandel – Herausforderungen und Bedeutung für das Personalmanagement. In: Preißing, D. (Hrsg.): Erfolgreiches Personalmanagement im demografischen Wandel. München 2010, S. 227–275.

Kirschten, U. (2017): Nachhaltiges Personalmanagement. Aktuelle Konzepte, Innovationen und Unternehmensentwicklung. Konstanz, München 2017.

Klimpel, M.; Schütte, T. (2006): Work-Life-Balance. Eine empirische Erhebung. München, Mering 2006.

Krech, D.; Crutchfield, R. S.; Ballachey, E. L. (1962): Individual in society. Tokyo u. a. 1962.

Kuark, J. (2012): Checkliste Jobsharing für HR-Verantwortliche, Stand: 20.8.2012. www.hrtoday.ch/article/jobsharing-f-r-hr-verantwortliche.

Kuark, J.; Locher, H. U. (1999): Jobsharing – TopSharing. Führung ist nicht teilbar oder doch? In: Bulletin der ETH Zürich, 275/1999, S. 46–47.

Lehner, F. (2008): Wissensmanagement. Grundlagen, Methoden und technische Umsetzung, 2. Überarbeitete Auflage. München, Wien 2008.

Lehr, U. (2000): Psychologie des Alterns, 9. Auflage. Wiebelsheim, 2000.

Marsula, A. (2004): Sabbatical – geplante Auszeit vom Berufsleben. In: Tempora Journal für moderne Arbeitszeiten, Stand: 2004. www.arbeitszeiten.nrw.de/pdf/TEMPORA_8_Sabbatical.PDF (Abruf: 18.11.2005).

Martin, P. (2007): Neue Bürokonzepte – was leisten sie? www.boeckler.de, August 2007.

Maznevski, M. L. (1994): Understanding Our Differences: Performance in Decision-Making Groups with Diverse Members. In: HR, 47, 5/1994, S. 531–552.

Meifert, M.; Kesting, M. (2004): Gesundheitsmanagement im Unternehmen. Konzepte, Praxis, Perspektiven. Berlin 2004.

Meinel, G; Heyn, J.; Herms, S. (2015): Teilzeit- und Befristungsgesetz – TzBfG, 5. Neubearbeitete Auflage, München 2015.

Michalk, S.; Nieder, P. (2007): Erfolgsfaktor Work-Life-Balance. Weinheim 2007.

Mückenberger, U. (2010): Krise des Normalarbeitsverhältnisses – ein Umbauprogramm, in: Zeitschrift für Sozialreform 56 (4), 2010, S. 403–420.

Neuwald, R.; Thomas, M. (2005): Das Arbeitszeitmodell „Vertrauensarbeitszeit“ in der Praxis. In: ZfO, 4/2005, S. 211–216.

Oechsler, W. A. (2006): Personal und Arbeit. Grundlagen des Human Resource Management und der Arbeitgeber-Arbeitnehmer-Beziehungen, 8. Auflage. München, Wien 2006.

Olfert, K. (2008): Personalwirtschaft, 13. verbesserte und aktualisierte Auflage. Ludwigshafen 2008.

Olfert, K. (2010): Personalwirtschaft, 14. verbesserte und aktualisierte Auflage, Herne 2010.

Olfert, K. (2019): Personalwirtschaft, 17. verbesserte und aktualisierte Auflage, Herne 2019.

Peplinski, K. (2007): o. T., Stand: 2007. www.erfolgsfaktor-familie.de/data/downloads/wissensplattform/Erfa_Victoria_Ergo.pdf.

Probst, G.; Raub, S., Romhardt, K. (2006): Wissen managen. Wie Unternehmen ihre wertvollste Ressoure optimal nutzen, 5. überarbeitete Auflage. Wiesbaden 2006.

Prognos AG (2005): Work- Life- Balance als Motor für wirtschaftliches Wachstum und gesellschaftliche Stabilität, Band 2: Wirkungsmechanismen und volkswirtschaftliche Effekte. Berlin 2005.

Rassek, A. (2020): Work-Life-Integration: Das Beste aus zwei Welten. 27. Oktober 2020. In: https://karlrierebibel.de/work-life-integration/. Abruf: 23.12.2020.

Richardi, R. (2008): Arbeitsgesetze, 73. Auflage. München 2008.

Rosenstiel, L. v. (2009): Die Arbeitsgruppe. In: Rosenstiel, L. v.; Regnet, E.; Domsch, M. E.(Hrsg.): Führung von Mitarbeitern, 6. überarbeitete Auflage. Stuttgart 2009, S. 317–335.

Schönefeld, U. (2006): Jetzt ist die Praxis dran! In: Personalführung, 12/2006, S. 30–33.

Staehle, W. (1994): Management. Eine verhaltenswissenschaftliche Perspektive, 7. Auflage (überarbeitet von Contrad, P.; Sydow, J.). München 1994.

Statista (2020b): Bezug von Elterngeld: https://de.statista.com/stati stik/daten/studie/310248/umfrage/elterngeld-bezugsdauer-nach-geschlecht-dereltern- und-erwerbsstatus-vor-der-geburt/#:~:text=Die%20Statistik%20zeigt%20d ie%20durchschnittliche%20%28voraussichtliche%29%20Bezugsdauer%20von,Monate.% 20Das%20Elterngeld%20wurde%20in%20Deutschland%20zum%2001. Abruf: 10.10.2020.

Statistisches Bundesamt (2018a): Pflegestatistik 2017. Wiesbaden.

Statistisches Bundesamt (2020 f): Elternzeit: Daten des Mirkozensus. www.dest atis.de/DE/Themen/Arbeit/Arbeitsmarkt/Qualitaet-Arbeit/Dimen sion-3/elternzeit.html. Abruf: 04.10.2020.

Statistisches Bundesamt (2024): Pflegebedürftige nach Versorgungsart 2021. In: www.destatis.de/DE/Themen/Gesellschaft-Umwelt/Gesundheit/Pflege/_inhalt.h tml#sprg643130. Abruf: 31.05.2024.

Stock-Homburg, R. (2008): Personalmanagement. Wiesbaden 2008.

Stock-Homburg, R. (2019): Personalmanagement. 4. Überarbeitete Auflage, Wiesbaden 2019.

Stopp, U.; Kirschten, U. (2012): Betriebliche Personalwirtschaft, 28. völlig neu bearbeitete und erweiterte Auflage. Renningen 2012.

Strasmann, J. (2008): Qualitätszirkel und Lernstatt. In: Bröckermann, R.; Müller-Vorbrüggen, M. (Hrsg.): Handbuch Personalentwicklung: Praxis der Personalbildung, Personalförderung und Arbeitsstrukturierung, 2. Auflage. Stuttgart 2008, S. 527–541.

Strümpel, B.; Prenzel, W.; Scholz, J.; Hoff, A. (1988): Teilzeitarbeitende Männer und Hausmänner. Motive und Konsequenzen einer eingeschränkten Erwerbstätigkeit von Männern. Berlin 1988.

Thiele, S. (2009): Work- Life- Balance zur Mitarbeiterbindung. Hamburg 2009.

Thorsrud, E. (1976): Democratization of Work as a Process of Change towards Non-Bureaucratic Types of Organization. In: Hofstede, G. (Hrsg.): European Contributions of Organization Theory. Assen 1976, S. 244–271.

Wahren, H.-K. (1994): Gruppen- und Teamarbeit in Unternehmen. Berlin, New York 1994.

Wirtschaftswoche 19.07.2016: Wer zu Hause arbeitet, macht mehr Überstunden. In: www.wiwo.de/erfolg/beruf/home-office-wer-zu-hause-arbeitet-macht-mehr ueberstunden/ 13895650.html. Abruf: 16.01.2021.

Womack, J. R.; Jones, D. T.; Roos, D. (1992): Die zweite Revolution in der Automobilindustrie, 7. Auflage. Frankfurt, New York 1992.

Register

Abbildungsverzeichnis

Tabellenverzeichnis

nuggets

Die Reihe nuggets behandelt anspruchsvolle Themen und Trends, die nicht nur Studierende beschäftigen. Expert:innen erklären und vertiefen kompakt und gleichzeitig tiefgehend Zusammenhänge und Wissenswertes zu brandneuen und speziellen Themen. Dabei spielt die richtige Balance zwischen gezielter Information und fundierter Analyse die wichtigste Rolle. Das Besondere an dieser Reihe ist, dass sie fachgebiets- und verlagsübergreifend konzipiert ist. Sowohl der Narr-Verlag als auch expert- und UVK-Autor:innen bereichern nuggets.

Bisher sind erschienen:

Ulrich Sailer
Digitalisierung im Controlling
Transformation der Unternehmenssteuerung durch die Digitalisierung
2023, 104 Seiten
€[D] 17,90
ISBN 978-3-381-10301-0

Michael von Hauff
Wald und Klima
Aus der Perspektive nachhaltiger Entwicklung
2023, 85 Seiten
€[D] 17,90
ISBN 978-3-381-10311-9

Ralf Hafner
Unternehmensbewertung
2024, 133 Seiten
€[D] 19,90
ISBN 978-3-381-11351-4

Irene E. Rath / Wilhelm Schmeisser
Internationale Unternehmenstätigkeit
Grundlagen, Führung, Organisation
2024, 175 Seiten
€[D] 19,90
ISBN 978-3-381-11231-9

Reinhard Hünerberg / Matthias Hartmann
Technologische Innovationen
Steuerung und Vermarktung
2024, 152 Seiten
€[D] 19,90
ISBN 978-3-381-11291-3

Ulrich Sailer
Klimaneutrale Unternehmen
Management, Steuerung, Technologien
2024, 130 Seiten
€[D] 19,90
ISBN 978-3-381-11341-5

Oğuz Alakuş
Basiswissen Kryptowährungen
2024, 79 Seiten
€[D] 17,90
ISBN 978-3-381-11381-1

Uta Kirschten
Personalmanagement: Gezielte Maßnahmen zur langfristigen Personalbindung
2024, 159 Seiten
€[D] 19,90
ISBN 978-3-381-12151-9

Kariem Soliman
Leitfaden Onlineumfragen
Zielsetzung, Fragenauswahl, Auswertung und Dissemination der Ergebnisse
2024, 102 Seiten
€[D] 19,90
ISBN 978-3-381-11961-5

Oğuz Alakuş
Das Prinzip von Kryptowährungen und Blockchain
2024, 133 Seiten
€[D] 19,90
ISBN 978-3-381-12211-0

Eckart Koch
Interkulturelles Management
Managementkompetenzen für multikulturelle Herausforderungen
2024, 118 Seiten
€[D] 19,90
ISBN 978-3-381-11801-4

Margareta Kulessa
Die Konzeption der Sozialen Marktwirtschaft
Ziele, Prinzipien und Herausforderungen
2024, 113 Seiten
€[D] 19,90
ISBN 978-3-381-11411-5

Jörg Brüggenkamp / Peter Preuss / Tobias Renk
Schätzen in agilen Projekten
2024, 75 Seiten
€[D] 17,90
ISBN 978-3-381-12511-1

Michael von Hauff
Nachhaltigkeit – Paradigma und Pflicht der Völkergemeinschaft
2024, 119 Seiten
€[D] 19,90
ISBN 978-3-381-11281-4

Dirk Linowski
Deutsch-chinesische Beziehungen
Wirtschaft, Politik, Gesellschaft
2024, 136 Seiten
€[D] 19,90
ISBN 978-3-381-11731-4